TURING 图灵新知

U0725239

原来数学这么有用

这么有用

[日] 鹤崎修功 ○著　　佟凡 ○译

人民邮电出版社
北　京

图书在版编目（CIP）数据

原来数学这么有用 /（日）鹤崎修功著；佟凡译.
北京：人民邮电出版社，2025. --（图灵新知）.
ISBN 978-7-115-66700-7

Ⅰ. O1-49

中国国家版本馆CIP数据核字第20254K880U号

内 容 提 要

当你连20 kg的物体都不能举过头顶的时候，能想象别人具有举起200 kg重物的能力吗？经过训练而发挥潜能的人，跟普通人有天壤之别。从3岁起就沉浸在"数学世界"中的东京大学"头脑王"鹤崎修功，邀你领略数学之美、之趣、之用。无论是对数学有恐惧情绪的文科生，还是对数学着迷的理科生，都能在本书中轻松获得有趣的知识和有效的应试技巧。本书附录包含很多可实践、可模仿的"计算"技巧，既通俗又实用。只要经过持续且专业的训练，谁都可以成为"数学天才"。

◆ 著　　　　　[日]鹤崎修功
　　译　　　　　佟　凡
　　责任编辑　魏勇俊
　　责任印制　胡　南
◆ 人民邮电出版社出版发行　　北京市丰台区成寿寺路11号
　　邮编　100164　电子邮件　315@ptpress.com.cn
　　网址　https://www.ptpress.com.cn
　　三河市中晟雅豪印务有限公司印刷
◆ 开本　880×1230　1/32
　　印张　6.125　　　　　　　　2025年6月第1版
　　字数　84千字　　　　　　　2025年6月河北第1次印刷
　　著作权合同登记号　图字：01-2024-0528号

定价　52.80元

读者服务热线：(010)84084456-6009　印装质量热线：(010)81055316
反盗版热线：(010)81055315

版 权 声 明

本书将带领大家走进好玩又有用的"数学世界"。

人们常说"就算学了数学，在社会上也派不上什么用场"。

然而事实并非如此。

数学为我们的工作与生活提供支持，甚至可以说"世界是由数学建立的"。

举例来说……

现在要把一张 A4 大小的海报放大至 A3 大小。

因为纸张大小满足"白银比例"，所以图案不会变形，操作起来很方便。

气象局预测樱花将在下周一开放。

气象局之所以能够这样预测，是因为运用了"积分"。

"他那么帅，肯定有女朋友。"听到这句话，你是不是觉得哪里不对？

假如你怀疑它的因果关系，可以用"反证法"想一想。

诸如此类日常生活中的场景，都会用到数学。只要掌握了数学思维，就能有逻辑地思考事物。

从 3 岁开始，我就被数学与数字的美丽、有趣和深奥吸引，彻底沉醉在迷人的数学世界中，难以自拔。

我想让更多的人了解魅力十足的数学世界！

带着这样的想法，我写下了本书。

我尽可能不使用复杂的公式和计算，以便让对数学"过敏"的文科生也能够享受数学。

读完本书后，你看待世界的方式一定会发生些许改变。

来吧，欢迎进入一旦陷入就无法自拔的数学世界！

序言——美丽、有趣、深奥的数学世界

　　初次见面，我是带领大家进入"数学世界"的向导鹤崎修功。2023 年 3 月，我上完了东京大学研究生院数理科学研究科的博士课程（时间好长啊），拿到了数学（数理科学）博士学位。可是我并没有成为数学研究员，而是去了学生时代加入的由东京大学主办的知识团体 QuizKnock 工作。

　　今后，我会继续以 QuizKnock 成员的身份活动，让大家体会到"获取新知识的快乐"。为此，我的第一个计划是写一本书，向大家传达"数学的有趣之处"。带着这样的想法，我开始了本书的创作。**本书内容轻松，没有复杂的公式和计算，每一个项目独立成章。**请大家浏览目录后，从自己感兴趣的部分开始阅读。这是一本让学生时代不擅长数学的文科生也能体会到乐趣的书！

在本书中，我将从三个视角出发，为大家介绍迷人的数学世界。

第一个视角是**"数学真有趣"**。我陷入数学世界的契机，正是我发现**围绕数学和数字的每一个小故事都很有意思**。

我们身边隐藏着各种"数字秘密"，比如松果和米洛斯的维纳斯的共通之处，即"它们都能让人感受到比例之美"。另外，我们会使用"万""兆"等单位表示大数，其实还有更大的单位叫作"不可说不可说转"，乍一看仿佛在开玩笑。

第二个视角是**"数学真有用"**。**掌握了数学思维后，就能在工作和日常生活中将它作为便利的工具使用**，比如，能够帮我们毫无遗漏地计算出大量物体的"一一对应"关系，以及能够提高我们工作效率的流程图。只要去了解，你就会发现数学中有很多能够让工作和生活更加便利的思维方式。本书的第 2 章总结了很多以数学知识为基础的思维方式，敬请期待。

第三个视角是**"世界是由数学建立的"**。事实上，**如果没有数学，就没有我们的生活**。"素因数分解"保护着我们上传到互联网上的数据，"微积分"中的"积分法"使我们能够成功预测樱花开放的时间……数学与世界上的一切事物都息息相关。在第3章中，我将为大家介绍数学与世界之间出人意料的联系。

另外在第4章中，我将为大家介绍一些数学家，他们留下的功绩依然在造福人类。我将为大家讲述表现他们天才或者疯狂一面的小故事，大家会发现难以靠近的天才数学家们也有亲切的一面。

在本书的最后，我会为大家介绍一些能够提高计算速度的小技巧。这些小技巧都很简单，很快就能掌握，所以请大家务必尝试。

正如我在开头提到的那样，我从3岁开始便陷入了令人着迷的数学世界。刚开始，我沉迷数字本身，常常埋头于妈妈买的解题杂志中。上学后，我被算术和数学的"自由"所吸引，"尽管问题的答案只有一个，但是通往答案的道路有无数条"。

正如这份"自由"所象征的那样，数学世界是一个广阔无垠、没有限制的有趣空间。也就是说，数学世界就像一个深奥的、充满魅力的世界，一旦沉迷其中便无法自拔。

只要能多一个人以本书为契机陷入迷人的数学世界，并且体会到学习数学的乐趣，我就会感到无比开心。

鹤崎修功

目　录

1

藏在身边的
"数字"秘密

1.1 用"数字"表现美

自古以来令数学家陶醉的"黄金比例"

当我们在鸟取沙丘看到一片广阔的沙滩时,在沙之美术馆与精致的沙雕作品相遇时,抑或从中国地方[①]最高峰的峰顶俯瞰宏伟的大自然时……我们都能够感受到"美"。

眼前的事物和风景向我们的感性倾诉着"某种东西",这种东西有时能用数学解释。**数学与美之间隐藏着出人意料的联系。**你知道"黄金比例"吗?据说**黄金比例是"能够让人从根源上感受到美的比例"。**

因为黄金比例会不经意间出现在图形和自然界中,所以自古以来就让数学家们陶醉其中。黄金比例

[①] 中国地方:日本的一个区域概念,又称山阴山阳地区,是日本本州岛最西部地区的合称。——译者注(本书若无特殊说明,脚注皆为译者注。)

换算成整数大约为 5 : 8。如果用具体的数表示,黄金比例是 "1 : 1.6180339887…",比值约为 0.618。其中,1.6180339887… 是无理数 $\frac{1+\sqrt{5}}{2}$,小数点以后的数字无限延续。这个数字被称为 "黄金数",用希腊字母 Φ 表示 [①]。也就是说,$Φ = \frac{1+\sqrt{5}}{2}$。

古希腊哲学家、数学家毕达哥拉斯创立的毕达哥拉斯学派的标志是 "五芒星"。五芒星是由正五边形的对角线组成的星形。假设正五边形的一边边长为 1,那么对角线的长度就是黄金数 Φ,也就是说,正五边形的边长与对角线的长度比为黄金比例。

[①] 在中国,黄金数即黄金分割数,是无理数 $\frac{\sqrt{5}-1}{2}$,约等于 0.618,同样用希腊字母 Φ 表示。本书中对 Φ 的运用均为日本定义习惯,阅读时请注意换算。——编者注

能够感受到美的比例"黄金比例"

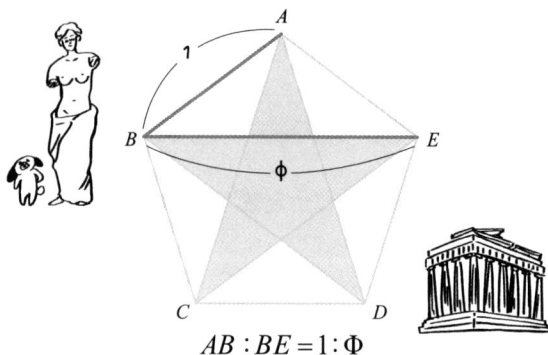

$$AB : BE = 1 : \Phi$$

"正五边形的一边∶对角线"为黄金比例

"米洛斯的维纳斯"为什么那么美

出现黄金比例的著名作品是希腊的帕特农神庙和米洛斯的维纳斯。

据说帕特农神庙的横向与纵向长度比为黄金比例。另外，米洛斯的维纳斯从脚底到头顶的长度与从脚底到肚脐的长度之比，以及从肚脐到头顶的长度与从肚脐到下巴的长度之比均为 $\Phi : 1$。不过，这些惯性认知其实都来源于

"当长方形的长宽比为黄金比例时,人们会感觉到美"的说法。因此,我们同样可以认为帕特农神庙和米洛斯的维纳斯中隐藏的黄金比例是后人附会的。自古以来,人们就认为长宽比为黄金比例的长方形是最美的,这种观点尤以欧洲为甚。不过,事实也确实是大量建筑和艺术作品的设计中都遵循了黄金比例法则,比如巴黎的凯旋门和列奥纳多·达·芬奇(1452—1519)的作品《蒙娜丽莎》。

黄金比例与"斐波那契数列"的神奇联系

黄金比例与自然界同样密切相关。与黄金比例关系密切的斐波那契数列就经常出现在自然界中。

首先我来为大家介绍斐波那契数列。斐波那契数列从两个 1 开始,按照"1, 1, 2, 3, 5, 8, 13, 21, …"的顺序排列,数列的规则很简单,后一项为前两项之和。

数列的名称来源于意大利数学家列奥纳多·斐波那契(约 1170—约 1240)。据说斐波那契通过观察兔子的繁殖

斐波那契数列

斐波那契数列与黄金数

1, 1, 2, 3, 5, 8, 13, …, 1597, 2584

$1 \div 1 = 1$

$2 \div 1 = 2$

$3 \div 2 = 1.5$

$5 \div 3 = 1.666…$

$8 \div 5 = 1.6$

$13 \div 8 = 1.625$

……

$2584 \div 1597 = 1.618033…$

斐波那契数列中两相邻数的比例逐渐接近"黄金比例"

自然界中出现的斐波那契数列

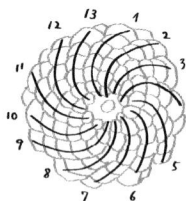

顺时针

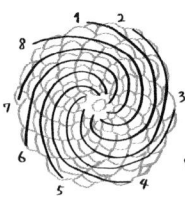

逆时针

我大吃一惊！

方式发现了这个数列。

　　黄金比例与斐波那契数列是如何联系在一起的呢？让我们把斐波那契数列纵向排列，看一看上下两个数之比（见上页图）。按照 1÷1＝1、2÷1＝2、3÷2＝1.5、5÷3＝1.666…、8÷5＝1.6 等计算，可以看出结果逐渐接近某个数。这个数正是 1.618033…，也就是黄金数 Φ。

　　自然界出现的黄金数和斐波那契数的代表有菠萝、松果、向日葵等。举例来说，如果从底部观察松果，数一数螺旋鳞片的数量，就会发现顺时针有 13 行，逆时针有 8 行，8 和 13 都是出现在斐波那契数列中的数。

　　为什么我们能够感受到美？为什么与黄金比例有关的数会大量出现在自然界中呢？我从世界与数学的神奇联系中感受到了浪漫。

在日本深受喜爱的"白银比例"

　　刚才我说到了黄金比例自古以来就在欧洲深受喜爱，

在日本同样有自古以来就深受喜爱的"白银比例"。白银比例是 $1:\sqrt{2}$，换算成整数大约为 5:7。$\sqrt{2}$ 是边长为 1 的正方形的对角线长度，也可以说是直角边边长为 1 的等腰直角三角形的斜边长度。

白银比例被日本的木工称为"神之比例"，在日本法隆寺五重塔和伊势神宫等建筑物中被大量应用，因此它也被称为"大和比"。

与黄金比例相比，我自己也更喜欢白银比例，因为白银比例不仅美丽，而且功能性很强。

其实，**我们非常熟悉的表示纸张大小的 A、B 开本的长宽比正是白银比例。**活跃于日本江户时代后期的诙谐小说作家大田南亩（1749—1823）在《半日闲话》中提到过："日本纸张的规格应该参考白银比例。"白银比例有一个特点——就算把纸张缩小到原来的 1/2、1/4、1/8……，也能始终保持长宽比为白银比例。举例来说，就算用复印机放大 2 倍或者缩小 1/2，由于长宽比相同，因此原本的图案也不会变形。这是只有白银比例才拥有的特点。

　　1929 年，日本确定了纸张规格。在调查了其他各国的情况后，日本确定了两组符合白银比例的纸张标准规格，即德国符合白银比例的 A 组尺寸，以及以日本江户时代的公用纸张 "美浓判" 为基础的 B 组尺寸。

　　如下图所示，现在 A0 纸的一半为 A1 纸，A1 纸的一半为 A2 纸，A2 纸的一半为 A3 纸，以此类推。B 组的纸张大小同样如此。另外，B 组纸张的面积是 A 组的 1.5 倍。

兼具美观与便利性的 "白银比例"

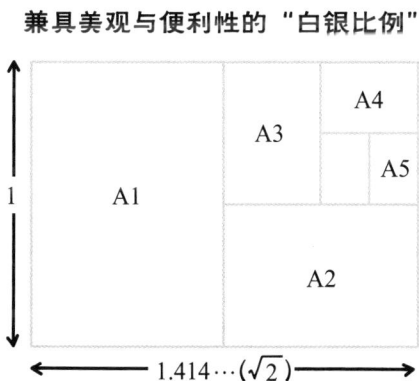

1 ◄─────► 1.414…$(\sqrt{2})$ ─────►

特点是就算缩小到一半，纸张依然能够符合白银比例

就算纸张的大小缩小到原来的一半，依然能够保持白银比例，因此在造纸的工序中不会出现浪费。这就是我说白银比例"功能性很强"的原因。

"简洁"与"意外性"的魅力

在前文中，我以黄金比例和白银比例为例，讲述了数学与美的关系。接下来我想稍稍改变角度，告诉大家我对数学自身之美的理解。

举例来说，我在勾股定理中感受到了美。直角三角形的斜边长为 c，其他两边的边长分别为 a, b，那么 $a^2 + b^2 = c^2$。勾股定理又叫作"毕达哥拉斯定理"[①]，这条定理很有名，所以应该有很多读者知道。而**我从勾股定理的"简洁"与"意外性"中感受到了美**。提到简洁，大家应

---

① 中国古代称直角三角形为勾股形，周朝时期的商高提出了"勾三股四弦五"的勾股定理特例。在西方，最早提出并证明此定理的为古希腊的毕达哥拉斯学派，因此多称其为"毕达哥拉斯定理"。——编者注

该都会表示赞同，不过对于"意外性"，或许我应该进行一些说明。

直角三角形两直角边边长的平方相加后等于斜边边长的平方，这种事一般没人会去想。毕达哥拉斯为什么会想到计算两条直角边边长的平方呢？我感到很不可思议。**我在遇到无法一眼看出原因的定理时，就会感受到一种美。**

毕达哥拉斯是生活在公元前 5 世纪左右的古希腊人，其实他并不是第一个发现勾股定理的人。据说在约公元前 2000 年繁荣昌盛了数百年的古巴比伦（现在的伊拉克）遗迹中发现的一块黏土板上，就留有当时的人们用勾股定理测量土地面积的痕迹。和白银比例一样，勾股定理不仅拥有简洁的美，其功能性也很强大，能够实际用于土地测量、建筑设计等各种场景中。我似乎很容易被这种在美的基础上兼具实用性、功能强大且便利的事物所吸引。

就像这样，从学校学习的定理到路边的建筑物，我们身边到处都隐藏着数学之美。

1.2 大数的浪漫

虽然日常生活中没有机会遇到

在本节中，我想告诉大家的事情总结成一句话就是**"大数很酷"**！不知道为什么，小孩子就是很喜欢大数。有不少人在上小学时会用大到夸张的数，比如说些"这张卡片比那张强一万倍"之类的话。我想一边回忆童年，一边给大家讲一讲"大数"。

大家知道"无量大数"吗？我们在日常生活中表示数字时，会用到个、十、百、千、万、亿、兆等单位。在日本这样的汉字文化圈中，计数单位从万开始每4位改变一次。这样的计数单位一共有21个（详见下页图），其中最大的计数单位就是无量大数，用指数表示相当于10的68次方。无量大数这个名字来源于佛教用语，佛教认为银河系中包含的所有原子总数接近无量大数。

日 本 的 计 数 单 位

一	10^0	1
十	10^1	10
百	10^2	100
千	10^3	1,000
万	10^4	10,000
亿	10^8	100,000,000
兆	10^{12}	1,000,000,000,000
京	10^{16}	10,000,000,000,000,000
垓	10^{20}	100,000,000,000,000,000,000
秭	10^{24}	1,000,000,000,000,000,000,000,000
穰	10^{28}	10,000,000,000,000,000,000,000,000,000
沟	10^{32}	100,000,000,000,000,000,000,000,000,000,000
涧	10^{36}	1,000,000,000,000,000,000,000,000,000,000,000,000
正	10^{40}	10,000,000,000,000,000,000,000,000,000,000,000,000,000
载	10^{44}	100,000,000,000,000,000,000,000,000,000,000,000,000,000,000
极	10^{48}	1,000,000,000,000,000,000,000,000,000,000,000,000,000,000,000,000
恒河沙	10^{52}	10,000,000,000,000,000,000,000,000,000,000,000,000,000,000,000,000,000
阿僧祇	10^{56}	100,000,000,000,000,000,000,000,000,000,000,000,000,000,000,000,000,000,000
那由他	10^{60}	1,000,000,000,000,000,000,000,000,000,000,000,000,000,000,000,000,000,000,000,000
不可思议	10^{64}	10,000,000,000,000,000,000,000,000,000,000,000,000,000,000,000,000,000,000,000,000,000
无量大数	10^{68}	100,000,000,000,000,000,000,000,000,000,000,000,000,000,000,000,000,000,000,000,000,000,000

　　另外，前 16 个计数单位都是一个字，从第 17 个计数单位开始变成了三个字，到了第 20 个和第 21 个，就变成了四个字。比如第 17 个计数单位是"恒河沙"，意思是"恒河中沙砾的数量"。第 19 个计数单位"那由他"经常被用作动画和游戏中角色的名字，比如《怪物弹珠》，所以或许有读者知道。

　　我很喜欢大数，小时候就记住了 21 个计数单位，所以现在依然能够全部背出来。虽说如此，像无量大数这么大的数在日常生活中完全不会用到，所以尽管好不容易记住了，这种知识能够派上用场的地方却只有答题节目。

　　在佛教典籍《华严经》中，还出现了无量大数完全不可比拟的大数——"不可说不可说转"。据说 1 不可说不可说转约等于 $10^{3.72 \times 10^{37}}$，它在佛教典籍中作为计数单位，表示最大的数。

　　大家或许会觉得一辈子都没机会遇到这些数，但其实我所在的 QuizKnock 制作的视频中就出现了不可说不可说转。在"得分最高的人获胜"的企划中，制作人福良取得了 1 不可说不可说转分获胜。他自己费了不少工夫开发出答对能得 1 不可说不可说转分的应用软件……他对大数的知识和热情让我感到震惊。

为什么比"超大份"（Mega）更大的是"特大份"（Giga）

当然，也有能派上用场的"大数"。国际计量大会（CGPM）设置了国际单位制（SI）的构成要素"SI 词头"。比如我们在使用智能手机时，大概经常听到用来形容通信量的词"兆字节"（Mega-bits）和"吉字节"（Giga-bits）。这里的兆（Mega）和吉（Giga）就是 SI 词头。兆表示 10 的 6 次方，吉表示 10 的 9 次方。因此在提供牛肉盖饭等菜品的饭店里，比"超大份"（Mega）更大的是"特大份"（Giga）[①]。虽说如此，实际上兆（Mega）是 10 的 6 次

[①] 日语中的超大份表述为"メガ"，即 Mega 的片假名；特大份为"ギガ"，即 Giga 的片假名。——编者注

方，而吉（Giga）又是兆的 1000 倍，所以如果超大份
和特大份的量如字面意思所示，那客人点了之后恐怕会
后悔。

另外，大家是不是经常听到"微"（Micro）和"纳"
（Nano）这两个字？它们同样是 SI 词头，兆（Mega）和吉
（Giga）用来表示大数，而微（Micro）是 10 的 -6 次方，
纳（Nano）是 10 的 -9 次方，用来表示小数。

就像这样，SI 词头是为了方便处理大数和小数的词。
到 2022 年 10 月为止，国际计量大会一共规定了 20 个 SI
词头。2022 年 11 月，在时隔大约 30 年之后，SI 词头又增
加了 4 个，一共有 24 个。这说明**人类能够处理的数字范
围在不断扩大**。

谷歌名字的由来

尽管在 SI 词头中，最大的计数单位是表示 10 的 30 次
方的"昆［它］"（Q），但其实早在 1920 年就有人在思考

更大的计数单位了。美国数学家爱德华·卡斯纳（1878—1955）于 1938 年提出了 "古戈尔"（googol），1 古戈尔是10 的 100 次方——据说想出古戈尔这个名字的是卡斯纳9 岁的侄子。现在听到古戈尔这个读音，大家都能联想到搜索引擎谷歌吧，其实**古戈尔正是谷歌名字的来源**。

另外，卡斯纳还想到了更大的计数单位 "古戈尔普勒克斯"（googolplex）。1 古戈尔普勒克斯等于 10 的古戈尔次方。

顺带一提，谷歌总公司就有 "谷歌普勒克斯"（googleplex）的昵称，这个昵称当然来源于古戈尔普勒克斯。像这样通过不断增加指数标记，就能表示出无比巨大的数。

吉尼斯纪录认证的 "过于巨大的数"

最后，我想介绍一个巨型数。你听说过 "葛立恒数"吗？它是吉尼斯纪录中收录的 "在数学证明中使用过的最大数"。葛立恒数是 1970 年美国数学家葛立恒（1935—2020）和布鲁斯·罗思柴尔德（1941— ）在解决与"拉姆齐理论"相关的一个未解决问题（"葛立恒问题"）时引入的自然数，他们得出的结论是"这个问题的答案比葛立恒数小"。现在，数学家们已经证明葛立恒问题存在答案，但是具体数值依然未知。葛立恒数是一个极大的自然数，由于它大到无法用普通的指数表示，所以要用特殊表示法来表示。

另外，人们还想到了好几个超过葛立恒数的巨型数，有兴趣的话可以在互联网上搜一搜，相信你一定会有有趣的发现。

1.3 "面积"与"体积"之间反直觉的关系

单边边长扩大至原来的 2 倍后，体积竟会扩大至原来的 8 倍

在便利店或者超市的食品区，我们常常会看到写着"增量 10%"的商品。你是不是觉得这些商品表面上看起来和增量前完全没有区别？为什么会这样？我来为大家解释其中的原因。

大家在数学课上学过"相似"吧？图形的相似是指形状不变，尺寸扩大或者缩小。

举例来说，如果将一个图形的边长扩大至原来的 2 倍，也就是边长的相似比为 1：2，那么面积比会变成 $1^2：2^2 = 1：4$。进一步考虑立体图形的情况，体积比会变成 $1^3：2^3 = 1：8$。**只是将单边边长扩大至原来的 2 倍，体**

积竟然会扩大至原来的 8 倍。

为什么"增量 10%"看不出变化

我们之所以会对"增量 10%"产生怀疑，是因为表面上真的看不太出来增量后有什么变化。

假设有一块边长为 10 cm 的正方体豆腐，让我们来看看增量 10% 后，豆腐的大小会改变多少。因为豆腐原本的体积是 10 的 3 次方，也就是 1000 cm³，所以增量 10% 后，体积变成了 1100 cm³。要想求出体积为 1100 cm³ 的正方体豆腐的边长，只需要列出 $x^3 = 1100$ 的算式来解就好，可得 $x \approx 10.3$。也就是说增量 10% 后的豆腐单边边长仅仅增加了 3 mm。

接下来让我们算一算面积。因为 $10.3^2 \approx 106$，所以增量 10% 后，豆腐的单面面积只增加了大约 6 cm²。

因为换算成长度和面积后只有微小的变化，所以几乎无法通过外表看出差别。

面对增量 10% 的商品，大家或许会抱怨"外表几乎看不出变化！商家是不是在骗人"。但是商家很有可能对商品进行了严谨的增量计算，只是从外表看不出来而已。

吃自助餐时的注意事项

再来看看另一个例子，假设我们去吃自助餐。

想必应该有不少人有过因为肚子饿而选择了大份餐

面积与体积之间出人意料的关系

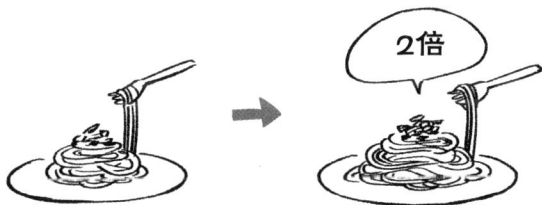

2倍

如果外观面积增加到原来的2倍，
那么体积会增加到原来的大约2.8倍。

吃不下了……

品，结果吃不完导致剩下的经历。这与上述情况类似。**当事物外观面积增加到原来的 2 倍时，体积会增加到原来的大约 2.8 倍。**因此顾客会产生怎么吃都吃不完的感觉。

所以在吃自助餐时，大家最好考虑到外观与实际体积的差距，少盛一些食物。

1.4 "无限大" 和 "无限小" 同样存在

一块苹果和一个苹果一样大吗

像电影《鬼灭之刃剧场版无限列车篇》以及热销商品 "无限卷心菜" 等,很多作品的标题和商品名中会用到 "无限"。无限在这里取的都是 "无限多" 的意思,而数学家听到无限这个词时,会关注究竟是无限大还是无限小,**因为无限不止一种**。

在介绍无限的种类之前,我们先来看一看人类面对无限这一概念的历史。

毕达哥拉斯以及古希腊时代的代表性哲学家柏拉图(前 427—前 347)都认为这个世界是 "有限" 的,所以他们忌讳无限。在那之后,数学领域的研究人员对无限的忌讳依然存在。如今在初中的数学课上,我们会学到无限符号 "∞",无限在 "无穷级数" 和 "微积分" 中已经成为不可或缺的概念。我们现代人或许会感到吃惊,**数学的历**

史长达 4000 多年，认真对待无限、确立无限的概念却是从 19 世纪后半叶才开始的，距今不过 150 年。可见，在数学领域中，无限的概念被认可是件难度相当高的事。

为人类理解无限的概念创造重要契机的人，是意大利科学家伽利略·伽利雷（1564—1642）。一天，伽利略发现自然数（从 1 开始的正整数 [①]）与平方数（自然数的平方）是一一对应的。

假设自然数的集合为 A，平方数的集合为 B，那么集合 A 与集合 B 哪一方拥有更多元素呢？所有认为世界是有限的人可能都会觉得答案是集合 A，因为集合 A 包含 1, 2, 3, 4, …所有自然数，而集合 B 与集合 A 不同，会跳过一部分自然数，包含 1, 4, 9, 16, …，然而令人惊讶的是，集合 A 和集合 B 的元素个数其实是相同的，因为**自然数集合与平方数集合是一一对应的**。

现在，这种现象被称为"伽利略悖论"。悖论是指从乍一看正确的前提出发，却得出了无论如何都令人无法接

---

① 在中国，0 也是自然数。——编者注

受的结论。

那么伽利略的发现究竟哪里存在悖论呢？古希腊哲学家、数学家欧几里得（约前 330—约前 275）提出的 "公理"（公理是指基本命题，可以作为其他理论的出发点）之一为 "整体大于部分"。或许有很多人看到这条公理时会觉得："这不是理所当然的吗？" 举例来说，把一个苹果切开时，切下来的一块不可能比原本的整个苹果更大。

现在请大家再来思考一下伽利略悖论。将自然数当成整体时，平方数作为自然数的平方，只是自然数的一部分。**然而，自然数的个数与平方数的个数一一对应，这就意味着二者个数相同。**也就是说，整体与部分的个数相同，伽利略认为这种现象 "与欧几里得的公理相互矛盾"。

伽利略在著作《关于两门新科学的对话》中提到了这个话题。对于这项悖论，他认为 "是无限与有限的差异造成的"。学界认为这正是人类第一次理解无限概念的本质。

康托尔证明无限有"浓度"①

后来，就连伟大的德国数学家——著名的卡尔·弗里德里希·高斯（1777—1855）都不愿意处理无限的概念，他认为将无限当成数来处理会产生各种不合理之处。但在这样的背景下，还是出现了一名认真对待无限的数学家，他就是出生于俄罗斯的德国数学家格奥尔格·康托尔（1845—1918）。

康托尔在考虑到无限概念的基础上，深入研究了"一一对应"这个重点。另外，就像伽利略研究的自然数集合 A 和自然数的平方数集合 B 那样，**康托尔将可以与自然数一一对应的集合命名为"可数集（可以计数的集合）"或者"可列集"，无法与自然数一一对应的集合则命名为"不可数集"**。

而且，康托尔将可数集中的元素数量与自然数集中的

---

① 集合论中表示集合元素数量关系的正确术语为"势"，此处为保证书中内容的通俗表达，保留了日文原文中的"浓度"表述。——编者注

自然数和平方数，哪一个更多？

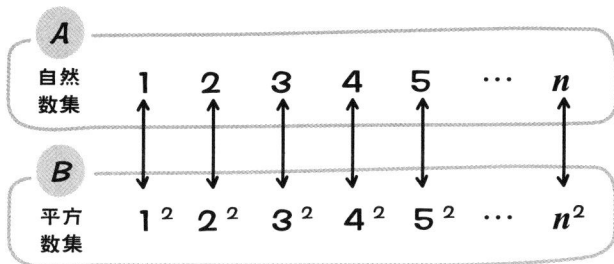

A
自然数集 **1** **2** **3** **4** **5** ⋯ **n**

B
平方数集 **1^2** **2^2** **3^2** **4^2** **5^2** ⋯ **n^2**

自然数与平方数一一对应

⬇

集合 *A* 和集合 *B* 的浓度相等

元素数量相等的现象称为 "浓度相等"。请注意，这里的浓度与物理和化学课上提到的 "食盐水的浓度" 意思不同。"与自然数集浓度相等" 的意思是与自然数一一对应，可以计数。康托尔由此证明了自然数与平方数浓度相等。所有自然数与所有偶数数量相等同样是整体与部分浓度相等的例子之一。

"我见到了，但我不相信"

另外，**康托尔在 1874 年提出实数集是比可数集浓度高的"不可数集"。实数是有理数和无理数的总称。**

而且康托尔还发现，一维直线上包含的点、二维平面中包含的点以及三维空间中包含的点浓度全都相等。

举例来说，直线从直观上看只是平面的一部分，对吧？因此直线上包含的点数与平面中包含的点数相比，大家会感觉后者远多于前者。确实，当直线和平面都由有限个点组成时，平面所含的点要更多。然而，如果认为线和面都由无限个点组成，情况就有所不同了。**直线上包含的点竟然与平面中包含的点一一对应了。**

顺着这个思路继续思考，可以说空间中包含的点同样与直线、平面中包含的点浓度相等。这种说法看起来违反了欧几里得的公理，但在数学上没有任何矛盾之处。

康托尔得出这个结论后大受冲击，于 1877 年 6 月给他的朋友德国数学家戴德金写了一封信。在信中，他说尽

可 数 集 与 不 可 数 集

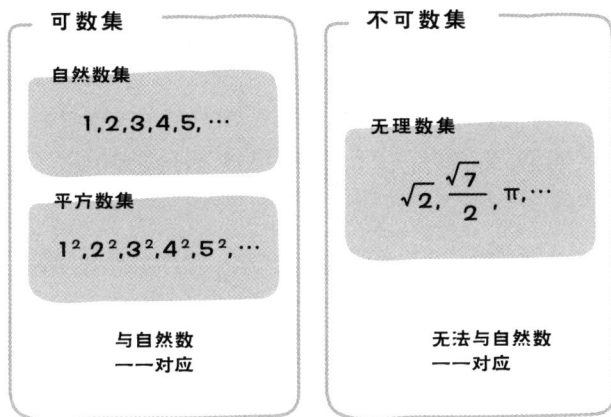

可数集

自然数集

$$1,2,3,4,5,\cdots$$

平方数集

$$1^2,2^2,3^2,4^2,5^2,\cdots$$

与自然数
一一对应

不可数集

无理数集

$$\sqrt{2},\frac{\sqrt{7}}{2},\pi,\cdots$$

无法与自然数
一一对应

管自己成功证明了无限的本质，却不知道该如何解释，并用 "我见到了，但我不相信" 来形容当时的不安情绪。

现在我们已经知道，高十一定浓度的无限集要多少有多少。无限集确实有无限个，无限是存在的。无限是存在于用有限世界的思维无法想象的、无边无际的广阔世界中的数的总称。

1.5 用"数学"解读世界史

直到 17 世纪，负数都是"不合理的数"

在这一节，我们将回顾数的历史，比如在学校学到的负数、零、虚数等。人类最早发现的数是自然数，可以追溯到约 4000 年前的古巴比伦。

另外，约公元前 3 世纪的美索不达米亚文明已经开始使用 0（零）作为占位符，不过当时 0 并没有被当成数。比如"101"中的 0 只是一个记号，表示"十位上什么数都没有"（空位）。据说 0 第一次被当成数是在六七世纪的印度，因此人们会说"发现 0 的是印度人"。把 0 当成数对待后，人们随之也把 0 当成计算对象来对待。也就是说，人们可以进行"0+9=9""13×0=0"等计算了。

负整数初次在世界登场，是在中国数学典籍《九章算

术》里。可是据说负数被真正当成数对待，还是在六七世纪的印度。628 年，印度数学家婆罗摩笈多（约 598—约 660）在天文学著作《婆罗摩修正体系》中记载计算规则时，将负数和 0 一起列入了计算体系。

负数在印度确立地位后传到了欧洲，不过在那里并没有被立即接受。后来经过漫长的岁月，直到进入 16 世纪，负数才终于成为方程的解。但**当时的数学家们依然不认可负数，将它称为"不合理的数"**。就连 17 世纪的著名法国数学家勒内・笛卡儿（1596—1650）都会在遇到负数解时称之为"伪解"。

第一个接受负数作为方程真正的解的人，是法国数学家阿尔贝・吉拉尔（1595—1632）。他想出了用可视化的方式表现负数的方法，即"正数表示前进，负数表示倒退"，以 0 为原点，用向右长度为 1 的箭头表示 +1，向左长度为 1 的箭头表示 −1。负数从此有了可视化的表现方式，终于被人们广泛接受。

现在我们不带任何疑问使用的负数，在仅仅大约 350

年前还被认为是不合理的数，这实在令人惊讶。

毕达哥拉斯不承认的"无理数"

至此，整数终于全部出场。整数之间相加或者相乘后，结果一定是整数。可是整数之间相除，结果却不一定是整数，于是这里新出现的数是分数。分母和分子都是整数的分数叫作有理数。整数也可以看作分母为 1 的分数，因此属于有理数。不过，不能将 0 作为分母。

另外，分数还可以用小数表示。比如 1/4 可以用小数写作 0.25，1/7 可以写作小数 0.142857142857…，其中"142857"的部分无限循环，这样的小数叫作循环小数。

其实分母和分子都是整数的分数有的可以写作小数点以后位数有限的小数，或者从小数点以后某一位开始无限循环的小数。

顺带一提，分数和小数二者的历史截然不同。**分数是一种非常古老的数，大约在公元前 17 世纪就出现在**

数学著作《莱因德纸草书》中。而小数的历史很短, 欧洲第一次提出小数概念的人是 16 世纪的荷兰数学家西蒙·斯蒂文 (1548—1620)。发明出和现在一样的小数点表示法的人, 则是苏格兰数学家约翰·纳皮尔 (1550—1617)。

正如前文所说, 因为整数也可以用分数表示, 所以似乎所有数都可以用分数表示。毕达哥拉斯也同意这种看法, 他崇拜自然数, 认为自然数是神圣的事物, 所有数都可以用自然数之比来表示, 即用分数表示。

然而事实与毕达哥拉斯的想法相悖, 当时人们发现了不能用分数表示的数。根据勾股定理, 边长为 1 的正方形对角线的长度为 $\sqrt{2}$, $\sqrt{2}$ 就是无法用分数表示的数。如果用小数表示 $\sqrt{2}$, 则为 1.41421356…, 小数点以后无限延续, 而且数字并不循环, 这意味着 $\sqrt{2}$ 无法用分母与分子都是整数的分数形式表示。也就是说, $\sqrt{2}$ 不是有理数, 这样的数叫作无理数。圆周率, 即 3.1415926…, 也是小数点以后数字不循环但无限延续的无理数。数字大家庭中包含无数个无理数，不仅如此，**实际上无理数的数量远多于有理数**。

有理数和无理数被统称为"实数"。大家在学校数学课上学到的数轴包含所有实数。

人类最终触及的"虚数"

接下来，人们发现还存在数轴中没有的数。所有实数的二次方都是非负数，但这种说法也只适用于实数，事实上竟然有求平方后结果为负数的数。现在，学生在数学课上学到这样的数时称之为"虚数"。为什么必须有虚数呢？这是因为**有些问题只有引入虚数才能解决**。接下来我将为大家介绍需要引入虚数才能解决的问题。

16 世纪，意大利数学家吉罗拉莫·卡尔达诺（1501—1576）在其著作《大术》中提到了以下问题："假设有两个数，和为 10，积为 40。那么这两个数分别是多少？"接

下来他写出了问题的答案——两个数分别是 $5+\sqrt{-15}$ 和

$5-\sqrt{-15}$。$\sqrt{-15}$ 意味着它的平方是 -15，因为求平方后

结果为负数，所以它是虚数。$5+\sqrt{-15}+5-\sqrt{-15}=10$，

$(5+\sqrt{-15})\times(5-\sqrt{-15})=40$，确实可以作为卡尔达诺提出

的问题的解。

于是卡尔达诺第一次利用虚数，得出了在实数范围内

无解的问题的答案。可是他认为虚数是"诡辩的、没有实

用意义的"，并不承认虚数的存在。

不仅是卡尔达诺，不承认负数、认为负数是"伪解"

的笛卡儿同样也不承认虚数，而且他用拉丁语将负数的平

方根称为"想象中的数"，这个称呼成了英语 imaginary

number 的语源，而日语中将其翻译为虚数的说法则来自

中国。

与之相反，18 世纪的瑞士数学家莱昂哈德·欧拉

（1707—1783）则大胆地使用虚数探究数学。他将"平方

为 -1 的数"定为"虚数单位"，取"imaginary"的首字母

"i"表示。也就是说，$i^2 = -1$，$i = \sqrt{-1}$。

然而，当时的其他数学家几乎都不接受虚数，他们不接受虚数的重要原因之一是，虚数并不存在于数轴上。

"复数"是数字的终点之一

丹麦测量师卡斯帕·韦塞尔（1745—1818）提出，可以在数轴以外，即从原点向上下延伸且垂直于数轴的直线上放置虚数。与此同时，德国数学家卡尔·弗里德里希·高斯也独立想出了同样的方案。用水平数轴表示实数，用垂直于水平数轴的另一条数轴表示虚数，这样就可以用横轴与纵轴组成的平面表示数了。**高斯将位于这个平面上的点所表示的数命名为"复数"，将这个表示复数的平面命名为"复数平面"。**于是虚数得以可视化，终于得到了人们的认可。这与负数能够在数轴上表示后才被人们广泛接受的过程相似。

　　人类被需求所迫，不断创造出新的数，复数也由此产生。根据 1799 年高斯证明的"代数基本定理"，在复数的范围内，所有方程必然有解，因此**复数正是数字扩张的终点之一**。

1.6 偏差值[①]80 到底有多了不起

大家所不了解的偏差值原理

"偏差值"是学生们非常关心的事，每次考试结束看到自己的偏差值后，总是有人欢喜有人忧。偏差值甚至是影响人生的大事，所以请大家一定要来学一学"决定偏差值的原理"（即使你已不需要考试，我也希望你可以通过了解偏差值的原理，正确理解自己过去努力的结果）。大家还能通过学习偏差值掌握数学知识，一举两得！

偏差值是用"标准差"导出的数值。因此我先为大家说明什么是标准差。

举例来说，我们不能单凭分数来判断成绩的好坏，认为在满分为 100 分的考试中考到 80 分就是好成绩，考到

---

① 偏差值：日本人对于学生智能、学力的一项计算公式值，被看作学生学习水平的正确反映。——编者注

40 分就是差成绩，因为一个成绩是好是坏，还要看班里其他学生的分数是多少。

就算 "分数" 相同

假设你在上一次和这一次的数学考试中都考了 75 分，并且两次考试的班级平均分都是 60 分，你这一次的偏差值却比上一次高。这究竟是怎么回事呢？

当以下页图中的横轴表示分数、纵轴表示人数时，上一次考试的分数分布如左图所示，像一座坡度平缓的山峰；这一次考试的分数分布则如右图所示，像一座陡峭的山峰。虽然两次考试的平均分都是 60 分，但成绩的分布情况大大不同。

对比两张图可以发现，上一次考试（左图）中成绩比你高的学生较多，而这一次考试（右图）中成绩比你高的学生则少了很多。

由此可知，并不仅限于考试成绩，对所有数据，如果

分数分布不同的两张图

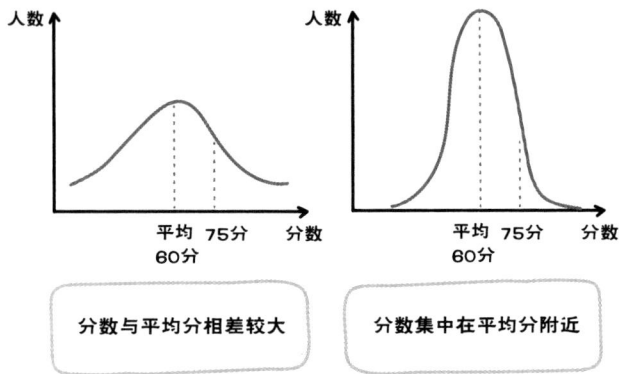

分数与平均分相差较大

分数集中在平均分附近

只看平均值都无法准确把握其特征。**左图表示学生们的分数与平均分相差较大，右图表示分数集中在平均分附近。** 要想准确理解数据，其偏差情况是非常重要的因素。

均值与每个数据之差叫作"偏差"。如果数据值比均值大，则偏差为正；如果数据值比均值小，则偏差为负。比如，当平均分为 60 分，你考了 75 分时，偏差就是 +15，而如果你考了 40 分，偏差就是 -20。

既然偏差表示每一个数据与平均值之间的差距，那么所有数据的偏差加起来应该为 0，因此无法直接将偏差作为判断数据整体分布情况的指标。于是人们将所有数据的偏差求平方转换为正值之后相加，然后除以数据总数，作为表示数据偏差大小的指标。这就是"方差"。

另外，方差的正平方根叫作"标准差"，同样用来表示数据的偏差情况。方差与标准差越大，图中的曲线越平缓；方差与标准差越小，曲线越陡峭。

表示"与平均值之间的差距"

了解了什么是标准差之后，我想再对偏差值进行一些说明。如果说标准差是用来表示数据整体偏差情况的指标，那么偏差值则是用来表示某个人的分数与平均分之间在某一个方向的差距的指标。

偏差值的计算公式如下。

$$偏差值 = \frac{分数 - 平均分}{标准差} \times 10 + 50$$

当你的分数与平均分相同时，因为第一项为 0，所以偏差值为 50。当你的分数比平均分每高（低）一个标准差时，偏差值就会增加（减少）10。

比如某次考试的平均分为 65 分，标准差为 15，你的分数是 95 分，套入公式可以算出偏差值为 70。也就是说，你的分数比平均分高 2 个标准差，这是很高的分数。

一般情况下，只要满足考试人数足够多等条件，考试分数的分布情况就会接近"正态分布"。因为正态分布的曲线形状与钟相似，所以被称为"钟形曲线"。**不仅是考试分数，已知自然界和社会上出现的各种数据也都符合正态分布。**

只要确定了平均值与标准差（或者偏差），就能够确定正态分布的曲线形状。

放弃"偏差值至上主义"

综上所述，可以说偏差值以标准差等因素为基础，每个学生在每次考试中都会得到相应的偏差值。即使是学习能力相同的人，如果参加的考试难度不同或者一起参加考试的考生水平不同，最后偏差值也会有很大差距。

以极端情况为例，在一场有 100 个人参与的考试中，如果所有人都考了 100 分，那么 100 个人的偏差值都是 50。而如果只有 1 个人考 100 分，其他 99 个人都考了 0 分，那么考 100 分的人的偏差值就是 149.5，考 0 分的人偏差值则是 −49。就算某考生两次都考了同样的分数，如果其他考生的成绩不同，依然会导致如此巨大的差距产生。

另外，当考试人数、题目数量、出题难度失衡时，结果并不一定符合正态分布，这种情况下可能会产生较大的误差。因此大家需要记住，**偏差值并不是了解学习能力高低的最佳指标**。

"过高和过低" 时需要小心

在全国模拟考试中，考试结果只公布名次信息，会显示"你在所有考生中排名 XX 位"。实际上就算知道自己在所有考生中排名第 100 位，我们也还是不清楚这究竟意味着什么水平。因此，要评价一个人学习能力如何，不能只看偏差值，还要看他日常学习中的表现以及各科成绩等数据，从多个角度分析。

说句题外话，我在参加电视节目时经常被问："在整个学生时代，你的偏差值最高是多少?"在我老老实实地回答了"80"且节目播出后，"偏差值 80"就成了我的代号，但其实在我自己眼中，得到偏差值 80 的那次考试，其结果并不太可靠。

因为在那次考试中我几乎考了满分，而其他人的成绩都不太理想，所以我的偏差值才会达到 80 这么高。几乎考到满分只能说明我能解出那次考试中出的难题，并不能表示我真正的学习能力。如果遇到更难的题目，我或许能解出来，或许解不出来。因此，**当出现偏差值为 80 或者偏差值为 20 这样极端的数字时，大家一定不要被这些表象所迷惑。**

2

无比便利的
"数学思维"

2.1 只要知道概率，就能做出冷静的判断

横纲[1] 的 69 场连胜意味着什么

虽然有些突然，不过请大家看题。

问：在大相扑中保持 69 场最高连胜纪录的力士是谁？

是不是有些难了？正确答案是"双叶山"。双叶山（1912—1968）是一名力士，是第 35 代横纲。遗憾的是，他在 1939 年 1 月 15 日惜败给了前头三枚目[2] 安艺海，不过 69 场连胜如今依然是大相扑的最高连胜纪录。

那么 69 场连胜究竟是多么厉害的伟业呢？双叶山的横纲总胜率大约为 88.8%，让我们按照单场胜率 90% 来计

算一下 69 场连胜的概率吧。

　　单场胜率 90% 的力士取得 69 场连胜的概率可以用 0.9 的 69 次方来计算。实际计算后结果为 0.00069619…，大约是 0.07%。哪怕是单场胜率高达 90% 的力士，要想实现 69 场连胜，概率依然只有 0.07%。从这一点就可以看出双叶山的连胜纪录是多么了不起。**可见当比 1 小的数进行乘方计算时会迅速变小。**

中奖概率为 1% 的抽签，抽 100 次就能中 1 次吗

　　让我们套用身边更熟悉的例子来想一想吧。在智能手机的社交游戏中，有一种抽签游戏叫"扭蛋机"[①]。在扭蛋机中，抽到最好的扭蛋的概率只有不到 10%，所以在社交软件上经常能看到"抽了 100 次都没抽中"的悲惨发言。

　　假设抽到珍稀扭蛋的概率是 1%，是不是只要抽 100 次就一定能有 1 次抽中珍稀扭蛋呢？

---

① 一种售卖扭蛋的机器，这里指日本一款抽卡类型的游戏。

答案是否定的。因为每一次抽不中的概率是 0.99，所以抽 100 次全都不中的概率是 0.99^{100}，计算后可以得到 $0.366\cdots$，即抽 100 次都不中的概率大约有 37% 之高。相反，抽 100 次至少中 1 次的概率为 $1-0.366\cdots=0.633\cdots$，大约为 63%。

抽100次一定能中吗？

抽100次中奖概率为1%的扭蛋，抽不中的概率为

$$0.99^{100}=0.366\cdots$$

抽不中的概率约37%

抽100次中奖概率为1%的扭蛋，抽中1次及以上的概率为

$$1-0.99^{100}=0.633\cdots$$

抽中的概率约63%

　　另外大家要注意，抽签时无论连续抽多少次，抽中的概率都绝对不会达到 100%，这是因为 0.99 无论无限累乘多少次，都绝对不会变成 0。顺带一提，经过计算可得，在这种情况下如果要将至少抽中 1 次的概率提高到 99% 以上，竟然需要至少抽 459 次才行。

　　同理，就算抽中的概率为 20%，也并不是说每抽 5 次就能抽中 1 次珍稀扭蛋。我们也试着计算一下这种情况的概率吧。因为 5 次连续抽不中的概率是 $0.8^5 \approx 0.33$，所以抽 5 次至少抽中 1 次珍稀扭蛋的概率大约是 $1-0.33=0.67$，即 67%。

　　因为抽扭蛋的画面利用了人们的侥幸心理，所以大家容易忘记节制，不断投入金钱。**为了避免犯下这样的错误，请大家把数学思维当作武器，做出冷静的判断吧。**

2.2 用"一一对应"法巧妙计数

高效数出树木数量的"秀吉绳"

如果接到"数出这座山上一共有多少棵树"的命令，你会怎么做？

据说这是丰臣秀吉做织田信长的家臣时，从信长那里接到过的命令。一次，信长命令手下的足轻[①]数出后山上一共有多少棵树。足轻们立刻分头开始数，但是因为每个人都不知道其他人数过哪些树，所以很快就陷入混乱。

于是秀吉提出一种方法：**"我准备了 10000 根绳子，我们在每一棵树上绑一根绳子吧。"**因此这种绳子被称为"秀吉绳"。假设剩下 2500 根绳子，就可以知道山上一共有 7500 棵树，这种方法叫作"一一对应"。因为这项功

---

① 足轻：日本古代最低等的步兵之称呼，他们平常从事劳役，战时成为步卒。江户时代成为最下等的武士、杂兵。

绩，秀吉从家臣中脱颖而出，获得了信长深厚的信任。

一一对应同样可以应用在我们的各种日常生活场景中。比如通过所有要发给到场人员的传单数量，来掌握活动会场的到场人数。也就是说，**只要数出剩余的传单数量，就能根据事先准备好的传单数量大致掌握到场人数**。

最近日本大力推行的"个人编号卡制度"同样是一一对应的典型范例。这项制度要求给日本所有拥有住民票的个人编制一个 12 位的号码。因为个人与编号一一对应，所以能够根据编号锁定特定人员。

除此之外，一些东南亚国家在选举时会给投过票的人手腕上盖章，印章痕迹在紫光灯照射下会发光，通过这种方法来防止重复投票。这种措施同样可以说是一一对应的应用方式。

而且随着近年来人们对逻辑思维的关注度越来越高，我们常常能看到"MECE"这个词，MECE 是取逻辑思维的基本概念之一"Mutually Exclusive Collectively Exhaustive"的首字母组成的新词，中文意思是"相互独立，完全穷

什么是"秀吉绳"？

绳子
10000根

剩下的绳子
2500根

树木的数量
7500棵

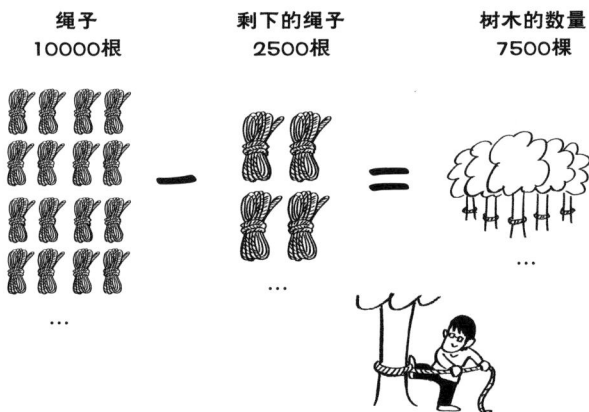

尽"，也就是对于一个重大的议题，能够做到不重复、不遗漏地分类，而且能够借此有效把握问题的核心，并解决问题。

这种概念的原始方法之一就是秀吉绳。

用来估计野生动物数量的"标记重捕法"

树不会动，可以利用"秀吉绳"快速数清，可是要如何数清生活在大自然中的野生动物呢？人们想了很多种办法，其中之一是"标记重捕法"。举例来说，标记重捕法需要捕获 50 或者 100 只野生动物，为它们做好标记，然后将它们重新放归自然。经过一段时间后再次捕获相同数量的野生动物，查看做过标记的动物占比。生活在一片区域的野生动物数量越多，被做过标记的野生动物的比例就越低，于是在第二次捕获时，出现有标记的野生动物的概率也就越低。利用这项原理推测一片区域内野生动物数量的方法就是标记重捕法。

不过，使用标记重捕法进行调查时，需要考虑野生动物的行为模式和移动范围等因素。

比如用标记重捕法调查后山的乌鸦数量时，就不能根据这个结果来推测整片区域或者全日本的乌鸦数量。而且需要注意的是，使用标记重捕法时，无法像"一一对应"

法那样测定精确的数量，得到的结果仅仅是一种推测。

　　这种方法同样可以应用到实际生活中。比如在答题游戏中有随机出题的情况。假如你想知道题库中一共有多少道题，那么你可以先回答 100 道题，并记录题目内容。然后再回答 100 道题，如果其中有 10 道之前出现过的题目，就说明 100 道题中有 10 道重复。也就是说，在 100 道题中有十分之一的概率出现重复的题目，由此可以推测出题库中大约有 1000 道题。我以前经常在答题比赛中用这种方法推测主办方准备的题目数量。

　　可见就算是乍一看很难数清的东西，只要动动脑筋也能快速计算出答案。

2.3　能在日常生活中派上用场的"算法"

如何快速找到所需信息

"IT 社会"和"ITC 社会"的说法已经出现多年，我们的生活再也不能没有互联网。近年来，数学的重要性越来越突出，因为它不仅是物理学、化学和生物学必不可少的基础，还是信息科学里不可或缺的元素。

近年来，互联网上每天的信息量以超乎想象的速度不断增加，要从海量的数据中寻找自己想要的数据变得非常困难。好在搜索功能也逐步发展，**计算机搜索并显示用户所需信息的速度越来越快，内容越来越精准**。例如，网络购物中的"推荐功能"，无须用户专门搜索，就能根据历史搜索记录和购买记录等信息推断出符合用户喜好的商品，自动推送给用户。随着人工智能（AI）的发展，服务器中累积的信息量越多，这项功能的准确度就会越高。

为了实现计算机的搜索功能，"算法"在软件开发中会起到重要作用。算法是用来解决问题的程序和计算方法。

随着计算机的发展，人们已经开发出各种各样的算法。开发新算法的主要目的是提高计算机的处理速度，以及解决以前没有出现过的新问题。近年来，能够从数量庞大的数据中迅速找到所需信息的"搜索算法"越来越重要。

大家知道走迷宫时用到的"右手法"吗？这是一种最基础的算法，它基于两条简单的规则，即如果迷宫右侧有墙壁，则需要一直用右手触摸着墙壁前进，如果右侧没有墙壁，则向右前进。只要使用右手法，就算需要花费一定的时间，也必将到达出口。

虽说如此，如果需要花费 100 年的时间才能到达出口，那么算法就失去了意义。所以，开发出能在更短的时间内解决问题的新算法非常重要。

如今，能够在庞大的数据库中迅速找到所需数据的搜索算法中，典型的例子有**"二分搜索"**。

以纸质日语字典为例，通常情况下词语会按照假名①顺序或者字母顺序排列。虽然很多字典侧面会有标记，但如果没有，怎样才能高效找到想查的词呢？假设你想查"章鱼"（タコ）这个词。现在**从字典正中央左右的位置翻开**，看一看第一个词，如果它是"鸽子"（ハト），那么"章鱼"（タコ）一定在字典的前半部分。接下来从前半部分字典的中间翻开，再看一看第一个词，如果它是"猴子"（サル），那么"章鱼"（タコ）一定在前半部分字典分开后的后半部分。这样反复操作后，页码范围越来越小，最后就能找到"章鱼"（タコ）所在的页码②。

就连日语字典中较厚的《广辞苑》（3216 页），如果使用二分搜索法查找一个词，最多也只需要重复 12 次上述步骤，就能准确找到该词所在的页码。

这种情况下，词语按照假名顺序或者字母顺序排列的前提很重要，这种性质叫作"单调性"。

---

① 假名：日语中的表音文字。——编者注
② 按照日语五十音图的顺序，在字典中タ在ハ的前面，在サ的后面。

能够提高效率的 "二分搜索" 法

每页依次查看

最多需要3216次

用二分搜索法查看

3216→1608→804→402→
201→101→51→26→13→
7→4→2→1

最多需要12次

互联网上各种各样的搜索方式都用到了二分搜索法。举例来说，当你打开计算机或者手机下载一些社交软件时，这些社交软件会检查你的账户。

可是要想检查你的账户，就必须先从庞大的数据库里搜索你的用户名。假设你的用户名以"M"开头，那么比起从"A"开始按顺序搜索用户名，从中间部分开始搜索要合理得多。

　　顺带一提，二分搜索法还有一个有趣的用处，那就是搜索电影情节。当你想在一部时长 2 小时的电影里找到自己喜欢的情节时，可以先跳到 1 小时左右的位置，如果喜欢的情节更靠前，就跳到 30 分钟左右的位置，如果喜欢的情节更靠后，则跳到 1 小时 30 分钟左右的位置。

　　反复操作后，就可以用比从开头看起的方法更短的时间找到你喜欢的情节。这正是**利用一部电影的情节会按顺序播放的"单调性"使用二分搜索法的例子**。

　　开发算法是为了有效、快速地解决问题。因此，我们在实际生活中，可以把算法中的思维方式作为生活小妙招来使用。

利用"流程图"找到最恰当的顺序

　　接下来，我将为大家介绍其他算法中有用的思维方式。比如在工厂生产线上，产品会有组装顺序，还有同时并行组装多个零件，然后在某个区域进行合并的复杂流程，这就需要在设计生产线时绘制**"流程图"**。其中一个重要工序叫作"关键程序"（critical path），一旦延迟会对之后的所有工序造成巨大影响。因此**需要利用算法设计出最恰当的制造工序**。这种方法不仅适用于工厂生产线，还可以应用在学习、做饭等各种活动中。

假设你要做蔬菜炒肉和米饭，下页图是做饭的流程图，只要看图就能明白效率最高的流程是什么。

先淘米，按下电饭锅的开关。然后利用蒸米饭的40分钟做蔬菜炒肉。其间再利用解冻肉的10分钟切菜，然后切肉调味，炒制肉和蔬菜。蔬菜炒肉做好后，米饭很快就熟了，所以再稍微焖一下就可以盛饭了。用这种方法一共只需要48分钟，但如果等蒸好米饭再做蔬菜炒肉，则需要花73分钟。先完成需要等待的工序，然后利用等待时间做其他工序的方式显然效率更高。画出流程图后，一眼就能看出最高效的做饭顺序是什么。

利用 "流程图" 找到最高效的做饭顺序

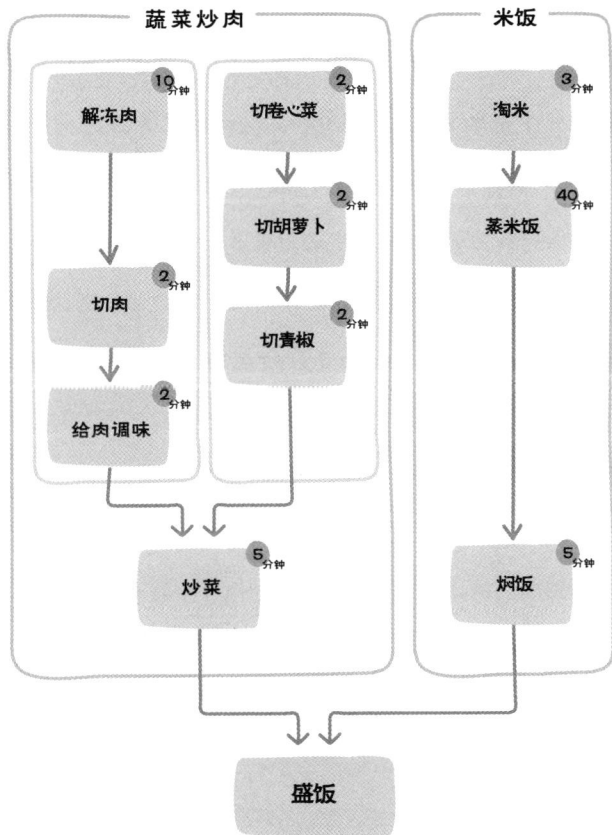

蔬菜炒肉

解冻肉 `10 分钟`

↓

切肉 `2 分钟`

↓

给肉调味 `2 分钟`

切卷心菜 `2 分钟`

↓

切胡萝卜 `2 分钟`

↓

切青椒 `2 分钟`

↓

炒菜 `5 分钟`

米饭

淘米 `3 分钟`

↓

蒸米饭 `40 分钟`

↓

焖饭 `5 分钟`

↓

盛饭

越来越重要的"数学人才"

网络上的信息量不断增加，对搜索算法的研究、开发可以说没有尽头。负责研究、开发算法的主要是数学系和信息科学系出身的人。谷歌、亚马逊等美国 IT 企业巨头自不必说，就连日本运营网购及求职网站的企业，对数学系和信息科学系出身的人也尤为看重。

最近，数学界经常传来这样的批评："近十年来，**最大的错误就是为了让用户点击广告这种无聊的目的，投入了太多优秀的数学人才**，结果没能拿出与数学相关的重要成果。"

实际上，我同样有这种感觉。作为同样研究数学的人，我希望数学界的人才今后能够用数学建造出让更多人感到幸福的世界。

2.4　使用"维恩图"可以掌握整体情况

将"集合"可视化

假设你想让父母给你换新手机，父母问你为什么要换，而你的回答是因为想看视频、玩社交软件。父母会说你现在用的手机也可以做这些，结果你的劝说失败。

那想劝说成功的话，你应该怎么向父母解释呢？

这种情况下，在数学课上学到的"维恩图"就能派上用场了。**如下页中的图片所示，维恩图是将"集合"可视化的图。**

A 和 B 表示由多个元素组成的集合。∩ 的意思是"且"，表示两个集合的"交集"。图中虽没有画出具体范围，不过符号 ∪ 表示"并集"，意思是"或"。在 A 和 B 字母上方画横线则表示"否定"。$\overline{A}$ 表示"整体中除 A 之外的元素的集合"，称为 A 的"补集"。

"维恩图"是什么?

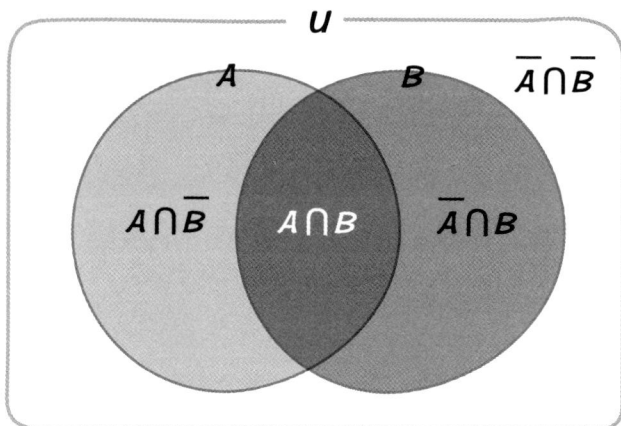

了解了维恩图之后,我们假设现有的手机特征的集合为 A,想要的手机特征的集合为 B,在维恩图中分别写出两个集合包含的元素。现有的手机和想要的手机的共同特征放在 A 和 B 的交集中。除此之外的部分就是现有的手机以及想要的手机各自独有的特征。

观察维恩图后你会发现,你提出想换手机时给出的理由是你想要的那款手机"可以看视频""可以使用社交软

用维恩图进行思考

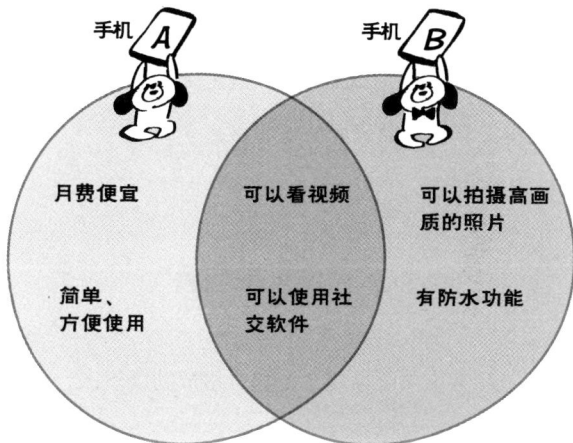

件",而这两个理由不足以说服父母,因为现有的手机也具备同样的功能。但如果你提出的理由是想要的手机"可以拍摄高画质的照片""有防水功能"等,说服父母的可能性会更高。

上述例子很简单,其实**集合的数量不仅限于 A, B 两个,一般情况下可以无限增加。**维恩图可以用来观察集合之间复杂的关系。以刚才提到的换手机为例,利用维恩图能够一目了然地对比现有的手机和你想要的手机的功能有何差异。

但是需要注意，如果集合中的元素超过 4 个，只用圆形维恩图表示的话就会变得相当复杂。

挑战"维恩图问题"

为了让大家熟练使用 3 个集合组成的维恩图，我来出一道题。

假设你是一项校园节日活动的执行委员，负责拟定晚饭菜单。为此，你对同学们进行了相关调查，让他们在咖喱、烤肉、猪肉酱汤里选择自己喜欢的菜品，可以多选。

结果选择咖喱的共 17 个人，选择猪肉酱汤的共 17 个人，选择烤肉的共 17 个人。同时，只选择咖喱和烤肉的有 2 个人，只选择咖喱和猪肉酱汤的有 3 个人，只选择猪肉酱汤和烤肉的有 1 个人，以上 3 道菜品都选的有 2 个人。

那么请问只选择烤肉的有多少人？

　　请尝试用维恩图整理咖喱、烤肉、猪肉酱汤这 3 个集合。

　　大家能不能按要求整理出一张维恩图呢？其实只要看到正确整理出的维恩图，答案就一目了然：只选择烤肉的有 12 个人。

　　当大家无法靠想象掌握整体情况时，可以尝试使用维恩图。

只选择烤肉的有多少人？

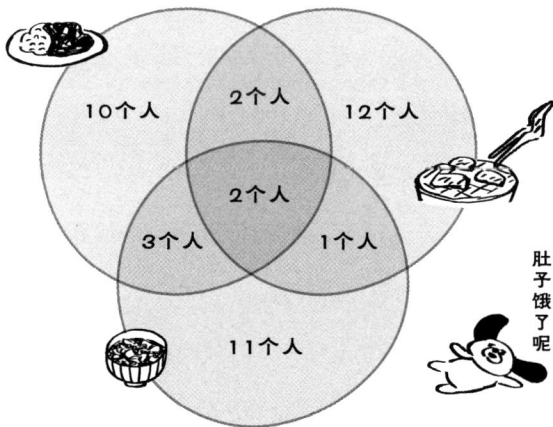

2.5 凭借数学成为有钱人的"复利"法则

"单利"和"复利"大不相同

银行存款利息有"单利法"和"复利法"两种计算方法。单利法是从存款后的第 2 年开始，每年只计算最初存入本金的利息；复利法是从存款后第 2 年开始，每年计算最初存入的本金与之前产生的利息之和的利息。

让我们代入具体数字计算一下吧。假如本金是 100 万日元，年利率为 5%，那么 30 年后的存款是多少呢？

先用单利法进行计算，$100 \times (1 + 0.05 \times 30) = 250$，答案是 250 万日元。如果用复利法计算，$100 \times 1.05^{30} \approx 432$，大约能达到 432 万日元。也就是说，用复利法计算会比用单利法多出约 182 万日元的利息。

假设存款金额为 y 日元，存款时间为 x 年，年利率为 a，未来收入为 A 日元，单利法的计算公式可以用一次

单利与复利的巨大差异

存款100万日元，年利率为5%时采用单利法和复利法的不同结果

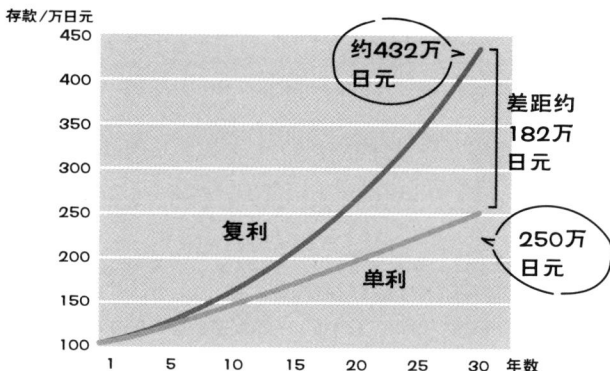

函数 $A = y(1 + ax)$ 表示，复利法的计算公式可以用指数函数 $A = y(1 + a)^x$ 表示。一次函数的图像是一条直线，而指数函数一开始是缓慢上升的曲线，越往右曲线上升的幅度越大。

也就是说，**存款时间越长，使用复利法比使用单利法增加的存款金额越多，二者的差距也会越来越大**。这正是指数的一大特征，因此用复利法进行计算时应该用指数函数。我们很容易直观理解像一次函数那样的直线变化，而不容易直观理解指数函数的变化。

下面我们来计算一下，每年按照 100% 的利率收 1 次复利，以及每年按照 10% 的利率收 10 次复利，得到的金额有什么不同。通过计算可知，1 年后前者的存款金额增长到原来的 2 倍，后者的存款金额增长到原来的 1.1 的 10 次方倍，即增长到原来的约 2.594 倍。当每年按照 1% 的利率收 100 次复利时，1 年后存款金额竟然能够达到原来的约 2.705 倍，也就是 1.01 的 100 次方倍。**如果收利息的次数无限细分，就能得到自然常数 e。e 是无理数，数值为 2.71828…。**

如果在投资时掌握上述思路，就能实现资产的高效增长。比如在股票投资中投入 100 万日元，每年有 5% 的收益，也就是有 5 万日元的利润。1 年后将 5 万日元立刻取出使用，与留在账户中继续投资，二者后续获得的利润将大为不同。如果取出利息，保持投资金额始终为 100 万日元，资产在之后每年都只能以单利的方式增长。而如果保留利润继续投资，让投资金额变成 105 万日元，并且下一年获得的利润同样继续用来投资，资产就能以复利的方式飞速增长。

按照复利规则投资 30 年，资产会比按照单利规则投资多增加 182 万日元。

也就是说，**在投资时不取出利润而是继续投资的话，就能利用复利效果加快资产增长。**

另外，关于复利有一条有趣的法则，叫作"七二法则"。假设年利率为 2%，存款金额会在多少年后增长到原来的 2 倍呢？如果是单利，那就需要 50 年；如果是复利则需要大约 36 年，计算方式是用 72 除以 2。实际计算后会发现，36 年后的存款金额增长到原来的 $1.02^{36} \approx 2.04$ 倍。如果年利率为 1%，则用 72 除以 1 来计算，大约需要 72 年；如果年利率为 3%，则用 72 除以 3 来计算，大约需要 24 年；年利率为 4% 时，可以用 72 除以 4 来计算，粗略预测出大约需要 18 年。

记住七二法则，就能轻松预测自己的存款在未来的增长速度。如果你的目标是晚年存款达到 2000 万日元，通过计算可知，你需要在距离晚年还有 36 年时，利用复利规则存入 1000 万日元，这样当年利率为 2% 时，你就能在 36 年后如愿获得 2000 万日元。

天才物理学家阿尔伯特·爱因斯坦（1879—1955）也认可复利的作用，据说他曾表示"**复利是人类最伟大的发明**"。

1% 的努力和 1% 的懒惰差距巨大

让我们改变视角，将复利规则代入每天的学习吧。如果你要背诵英语单词，为一年后的高考做准备，假设你每天掌握的英语单词量比前一天增加 1%，那么当你最初掌握的英语单词数为 1 个时，一年后能够达到多少倍呢？

1 天后，你掌握的英语单词数为 1×1.01 个；2 天后达到 1×1.01×1.01 个；3 天后为 1×1.01×1.01×1.01 个。按照一年有 365 天计算，一年后你掌握的英语单词数为 1 乘以

1.01 的 365 次方个，即 37.7834…个。也就是说，你在一年后掌握的英语单词数量将达到现在的大约 38 倍。

相反，假设你偷懒，每天忘记 1% 的英语单词，那么你掌握的英语单词数量在一年后会变成 1 乘以 0.99 的 365 次方个，即 0.0255…个，大约变成了现在的 0.025 倍。

假设你最初掌握的英语单词为 100 个，如果每天增加 1%，那么一年后你掌握的英语单词数量将达到大约 3780 个；但如果因为偷懒导致每天减少 1%，那么一年后你掌握的英语单词数量将会减少到大约 2.5 个。差距非常大吧，这就是坚持的力量。虽然保持每天努力 1% 并不简单，但**千万不要小看这 1%，重要的是要相信每天 1% 的小小努力不断积累，总有一天能够带来丰厚的成果。**

2.6 掌握逻辑思维——反证法

挑战"逻辑题"

学习数学的好处之一是能够培养逻辑思维能力，其中的典型方法是"反证法"。**记住反证法，可以有逻辑地思考事物，正确认识事物。**

首先出一道题。在一家咖啡店里，有 4 个人围坐在一张桌子旁，已知这 4 个人分别是"喝啤酒的人""喝果汁的人""28 岁的人"和"17 岁的人"。现在我们需要检查他们是否遵守了"未满 20 岁禁止饮酒"的规定。那么至少要检查几个人，才能确定他们是否遵守了规定呢？注意，可以调查多个对象。

大家有答案了吗？我们赶快来对答案吧——"只需要检查'喝啤酒的人'和'17 岁的人'即可"。

那么究竟为什么只需要检查这两个人就可以呢？如果

懂得反证法的思路，原因就很清楚了。我想先从反证法的
概念说起。

如下图所示，首先假设有命题"若 A 则 B"。这时，
"若 B 则 A"是原命题的"逆命题"，"若非 A 则非 B"是
原命题的"否命题"，"若非 B 则非 A"为原命题的"逆否
命题"。

"逆命题、否命题、逆否命题"的关系

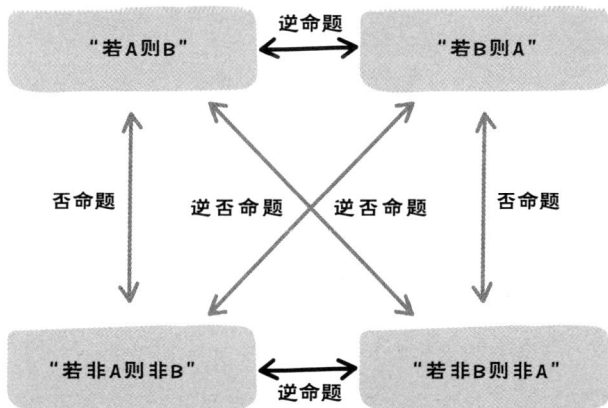

　　一个命题与它的逆否命题之间存在"**若命题为真（正确），则其逆否命题也为真（正确）**"**的关系**。利用这种关系得出正确结论的方法叫作反证法。

　　下面我要举个更加简单易懂的例子，有一个真命题是"人类都会死"。这时，设定"人类"为 A，"死"为 B，则这个命题的逆命题为"会死的就是人类"，这个命题的否命题是"不是人类就不会死"。这里逆命题和否命题都不为真。不过原命题的逆否命题为"不会死的就不是人类"，这个命题确实是真的。可见**当命题为真时，其逆否命题也为真，但其逆命题和否命题不一定为真**。

　　让我们回到最初的问题验证一下吧。

　　假设"喝酒"为 A，"已满 20 岁"为 B。因为"若 A 则 B"的逆否命题是"若非 B 则非 A"，所以为了确认原命题为真，就要确认"喝啤酒的人已满 20 岁"。接下来，为了确认逆否命题为真，就要确认"17 岁的人没有喝酒"。只要确认了这两个命题为真，就能确定 4 个人都遵守了规定。

用逆否命题解决逻辑问题

问

现在有4个人，分别是喝啤酒的A、喝果汁的B、28岁的C和17岁的D。

想检查他们是否遵守了"未满20岁禁止饮酒"的规定，至少要检查几个人？

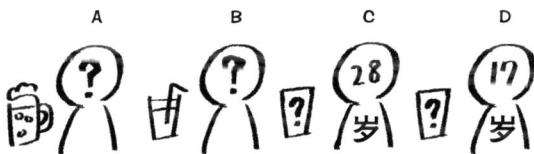

答　命题　"喝啤酒的人已满20岁"
　　　　════　需要检查A

逆否命题　"未满20岁的人没有喝酒"
　　　　════　需要检查D

只需要检查以上两人即可

另外，检查 28 岁的人只能确认原命题的逆命题"已满 20 岁的人在喝酒"是否为真，可是原命题的逆命题并不一定为真。因为就算是已满 20 岁的人也不一定要喝酒，所以没必要检查 28 岁的人。

而检查喝果汁的人只能确认原命题的否命题"不喝酒的人未满 20 岁"。可是原命题的否命题不一定为真，喝果汁的人也有可能已满 20 岁，因此没必要检查喝果汁的人。

"他那么帅，肯定有女朋友"，
这种说法是真的吗

世界上充满了让人非常难以理解、依靠直觉却导致判断错误的事例。比如在咖啡馆听身边的人闲谈时，会听到"他那么帅，肯定有女朋友"之类的说法。这种说法一定是正确的吗？

如果将这句话作为命题，它的逆否命题就是"因为他没有女朋友，所以他不帅"，应该有很多人会觉得这种说法不对劲。因为有很多人长得很帅却没有女朋友，所以原命题的逆否命题为伪命题，那么原命题同样为伪命题。

可是如果在闲谈中听到"他那么帅，肯定有女朋友"，大家可能会不自觉地对这种说法表示赞同吧？

日常生活中我们能够频繁地看到诸如此类的说法。比如在社交软件上，常常能看到一些让人觉得"不可能有人会说这种话"的讨论。遇到类似的言论时，最好不要囫囵吞枣地接受，而是使用反证法进行符合逻辑的思考。

想一想逆否命题是真还是假，就能更加明确地判断一条言论的真假。所以当你怀疑一件事情的真伪时，请务必尝试用反证法进行思考。

第 3 章

3

世界由"数学"
建立

3.1 深奥的曲线世界

东京到大阪只需要 8 分钟吗

日本的中央新干线正在开发中，据说如果全线开通，从东京到大阪只需要 67 分钟。

听说如果继续升级的话，有一种交通工具从东京到大阪只需要 8 分钟，而且完全不需要电力。大家会相信吗?

当然，这是一种理论上的交通工具，需要假设完全不存在空气阻力和摩擦阻力，那么这种交通工具的运行原理究竟是什么呢?

它利用了"**最速降线**"，是将名叫"**摆线**"的曲线翻转后得到的曲线。如字面意思所示，最速降线是能够以最快的速度下降，并且以最快的速度上升的曲线，因此如果在地下挖出和最速降线形状相同的隧道，那么根据计算，只需要 8 分钟就能从东京到达大阪，而且两点间的距离越长，速度就越快。比如**用符合最速降线形状的隧道连接东京和伦敦的话，两地之间的行程只需要 39 分钟，而且完全不需要使用汽油等燃料。**

虽说如此，利用最速降线运行的交通工具有一个很大的缺点，那就是只能在始发站和终点站停车。以连接东京站和新大阪站的列车为例，列车在除此之外的站点都无法停车，这恐怕会招致名古屋市民的强烈反对。因为名古屋和静冈位于东京站和新大阪站的中间位置，所以就算能够在名古屋停车，名古屋市民也必须走到位于地下很深很深的车站才能乘车，这大概也一样会招致名古屋市民的强烈反对。

不过，最速降线其实已经在我们身边投入使用了，比如说过山车。**为了尽可能提高速度，过山车的轨道就是根据最速降线设计的。**

摆线又是什么样的曲线呢？举个生活中的例子，当汽车等交通工具的轮子旋转时，车轮上的某一点所经过的轨迹形成的曲线就是摆线。转换为数学语言，就是当圆在直线上旋转时，圆周上的一点所经过的轨迹形成的曲线。

认真研究摆线的是伽利略·伽利雷的一名弟子——埃万杰利斯塔·托里拆利（1608—1647），他既是数学家，又是物理学家。

到了现代，人们依然在研究连接任意两点的所有曲线中，从高点出发到达低点所花时间最短的曲线（正是最速降线）。其实伽利略·伽利雷在 1638 年出版的著作中已经记载了"最速降线为圆弧"。但在那之后，瑞士数学家约翰·伯努利（1667—1748）再次提出问题："最速降线是什么形状？"四位著名数学家艾萨克·牛顿（1643—1727）、约翰的哥哥雅各布·伯努利（1654—1705）、戈特弗里德·威廉·莱布尼茨（1646—1716）、纪尧姆·德·洛必达（1661—1704）分别给出了答案。结果**证明最速降线是摆线**。

最速降线与摆线

最速降线

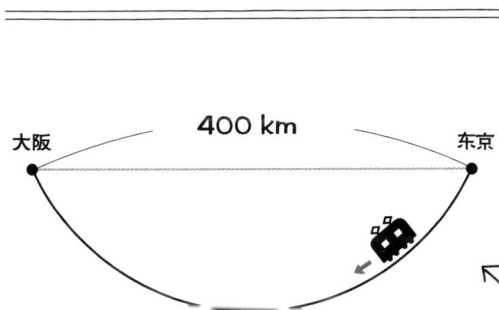

大阪　　　　400 km　　　　东京

翻转

摆线

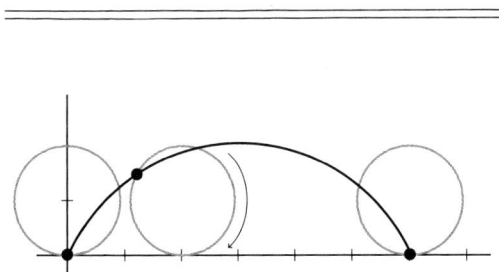

常见的曲线"羊角螺线"

我们身边投入实际使用的著名曲线还有**"羊角螺线"**，它又被称为"欧拉螺线"。比如高速公路入口处的道路形状。俯视位于佐贺县的鸟栖立交桥可以看到的四叶草形状，这种设计就与羊角螺线有关。羊角螺线从坐标原点开始是一段曲率为 0 的直线，越向两端延伸曲率越大，弧度也越大。实际上高速公路入口处最开始同样是一条平缓的弧线，然后弧度逐渐增大。将道路设计成羊角螺线，是为了让司机用固定的速度和角度打方向盘，这样开车更加容易，而且这种设计能够最大限度地减轻司机的压力，确保乘客的舒适度。所以**羊角螺线也被称为"对人友好的曲线"以及"安全曲线"**。

日本于 1952 年第一次用羊角螺线设计道路，地点在日本国道 17 号三国峠附近。三国峠现在依然保留着被称

常见的曲线 "羊角螺线"

羊角螺线

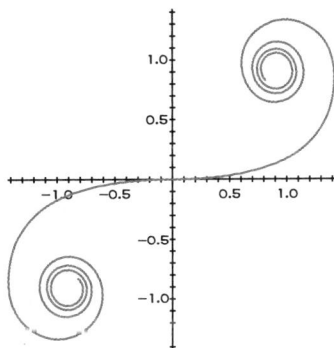

利用羊角螺线设计而成的高速公路

为"羊角螺线碑"的纪念碑，上面写着"三国峠国道是由小半径曲线组成的山路，因此为保证车辆安全、舒适地行驶，道路的直线部分和曲线部分之间留出了缓和地带，这是日本第一次使用羊角螺线设计道路（摘录）"。

3.2　我们身边的 "微积分"

用 "微分" 可以预测未来

汽车上装有速度仪表盘，可以显示行驶中的实时速度。举例来说，"时速 60 km" 的意思是 "以每小时 60 km 的速度行驶"，可是为什么汽车明明没有行驶到 1 小时，人们却能知道它的时速呢？想想就觉得很不可思议。其实这里用到了 **"微积分" 中的 "微分法"**。

首先，我要为大家介绍什么是微分法。

假设我们穿越到 16 世纪的欧洲。当时，欧洲各国之间不断发生战争。在这一背景下，为了保证大炮能够命中对手，各国对炮弹飞行轨迹的研究进行得如火如荼。伽利略·伽利雷发现飞行中的炮弹会受到重力作用落向地面，由此他认为可以将炮弹前进的速度分解成受到重力下落的速度和沿水平方向直线飞行的速度。然后他又发现，飞行中的炮弹在水平方向速度保持不变，只有垂直方向的速度会随着时间推移发生变化，原本向上的速度会逐渐变慢，最终减到 0，之后下落速度逐渐加快。

后来进入 17 世纪，法国数学家、哲学家勒内·笛卡儿（1596—1650）通过发明坐标系，发现炮弹的轨迹可以用二次函数的图像表示。因此二次函数曲线也被称为"抛物线"。**通过用二次函数的图像表示炮弹轨迹，还能计算出炮弹的落点。**

当时的数学家们还希望能通过计算推导出炮弹每时每刻的速度变化。如果能够求出与二次函数曲线只有一点相交的直线的方程，这条直线叫作"切线"，那么这条直线的斜率就可以表示瞬时速度。而求切线的新方法正是微分法。也就是说，**微分法可以求出运动中的物体的瞬时速度。**发明微分法的是天才科学家艾萨克·牛顿，他在 1665 年，也就是年仅 22 岁时就发明了微分法。

至于通过微分法可以知道什么，让我们回到本节开头关于汽车速度仪表盘的话题。用平面坐标系的纵轴表示移动距离，横轴表示移动时间，然后画出表示移动距离与移动时间的关系的曲线。这时，与曲线只有一点相交的切线的斜率就表示汽车在这一时刻的速度。

　　在实际生活中，人们会在汽车轮胎上安装检测轮胎滚动情况的传感器，轮胎每转一圈，传感器都会发出相应次数的信号。速度越快，信号与信号的间隔时间越短；速度越慢，信号与信号的间隔时间越长。因为轮胎转动一圈前进的距离是固定的，但速度会随时发生变化，所以信号间隔时间也会随之发生改变。然后再利用汽车上搭载的计算机根据每个瞬间的信号间隔时间进行分析，就能计算出汽车行驶的速度。因此可以说，**利用微分的思维能预测未来**。

为什么电子体温计可以在 30 秒内预测体温

　　我们熟悉的电子体温计也用到了微分法。电子体温计有实测型和预测型两种。实测型需要花 5 ～ 10 分钟才能测定体温，而预测型只需要不到 30 秒就能测定体温。预测型体温计究竟是利用什么样的原理来测量体温的呢？如字面意思所示，**预测型体温计以测量开始时的体温变化为基础，通过微分法计算出 10 分钟后的体温。**

当我们把电子体温计夹在腋下时，体温就会使安装在电子体温计尖端的传感器升温。通常情况下，冰冷的物体遇到温暖的物体时，温度会迅速上升，而常温的物体就算遇到温暖的物体，温度也很难上升。这是因为温度差不同，导热速度不同。相反，我们也可以通过导热速度逆推出两个物体的温度差。电子体温计内置了用于解微分方程的程序，能够计算出传感器温度上升的速度，同时预测出 10 分钟后人体的温度。

为了提高电子体温计的预测精确度，人们还做了其他努力，比如以过去实际测量到的大量数据为基础，根据统计学预测数值。因此预测型电子体温计的性能一直在不断提高。

其实积分法的历史比微分法更长，可以追溯到古希腊

电子体温计与微分法

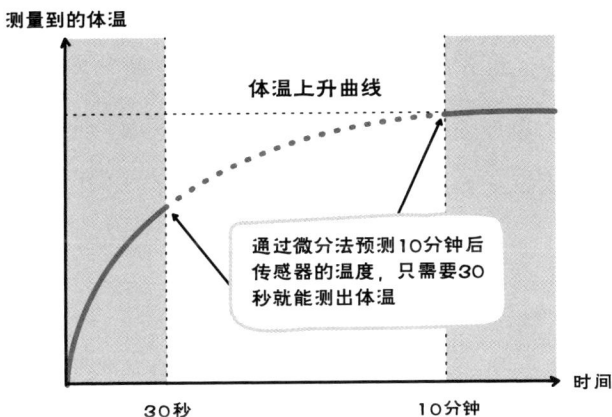

测量到的体温

体温上升曲线

通过微分法预测10分钟后
传感器的温度，只需要30
秒就能测出体温

时间

30秒 10分钟

时代。计算三角形或者四边形等用直线围出的区域的面积
并不算太难，但要计算用曲线围出的区域的面积可不简单。
于是古希腊数学家、物理学家阿基米德（前 287—前 212）
发明了 "穷竭法"。穷竭法是用无数小三角形填满曲线内
侧，通过求三角形面积的总和，间接求出曲线围出的面
积的方法。**"将事物分成无限小的部分，然后全部相加"**
的思维方式是积分法的出发点。

后来大约过了 1800 年，德国天文学家约翰尼斯·开普勒（1571—1630）把阿基米德的思维方式应用到了天文学中。到了 17 世纪，伽利略·伽利雷的弟子卡瓦列里（1598—1647）发现"面"无限细分后会变成"线"，"立体"无限细分后会变成"面"，于是提出了"卡瓦列里原理"。之后，又有众多数学家在前人的基础上发展出了积分法。

可是每一种计算方法都很麻烦，而且存在准确性欠佳的问题。而彻底解决这一问题的人，是在微分法之后继续研究积分法的牛顿，他发现此前被分别研究的微分法和积分法其实互为逆运算关系。这是数学史上的重大发现。有了牛顿的发现，微分法和积分法被统一为微积分，"微积分学"也成为数学的一个分支领域。顺便一提，除了牛顿，还有一个人也发明了微积分，他就是德国哲学家、数学家戈特弗里德·威廉·莱布尼茨。他在 1675 年发明微积分，1684 年出版图书，比牛顿晚了 10 年。由于牛顿信奉神秘主义，尽管他于 1665 年就发明了微分法，但直到约 40 年后的 1704 年，他才正式发表了这一发明。因此牛顿和莱布尼茨围绕是谁发明了微积分法展开了激烈的纷争。1699 年，牛顿的支持者诬陷莱布尼茨剽窃研究成果。1713 年，英国皇家学会也承认是牛顿发明了微积分。1716 年，莱布尼茨带着剽窃研究成果的嫌疑与世长辞。

"樱花开放的时间"可以用"积分法"预测

和微分法一样，现在积分法也成为很多领域不可或缺的方法。以我们熟悉的事情为例，比如一到春天，日本气象局就会公布"樱花开放的预测时间"，这种预测正是利用了积分法。

樱花开放的时间与气温密切相关，这是所有日本人都知道的事，不过大家知道"400 ℃法则"和"600 ℃法则"吗？ 400 ℃法则是指"从 2 月 1 日开始，每天的平均气温相加后达到 400 ℃时，樱花就会开放"，而 600 ℃法则是指"从 2 月 1 日开始，每天的最高气温相加后达到 600 ℃

时，樱花就会开放"。

现在假设我们要依据 600 ℃法则来预测樱花开放的时间。首先，要从 2 月 1 日开始记录每天的最高气温。然后画图，纵轴表示最高气温，横轴表示日期。当下图的气温值累计达到 600 ℃时，就可以预测樱花将会开放的时间了。

用 "积分法" 预测樱花开放的时间

最高气温合计

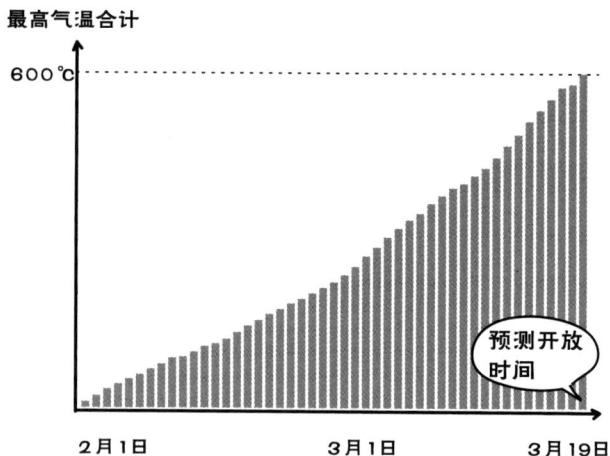

600 ℃

预测开放
时间

2 月 1 日   3 月 1 日   3 月 19 日

将上页图中的气温值加起来相当于做积分。由于实际上樱花的开放还要受到除气温之外各种因素的影响，因此预测并没有这么简单，现在各家民间气象公司都会设计自己的计算公式，发布自己的樱花开放预测时间。

不过，各家公司基本上都会使用积分法。**与樱花一样，蝉等昆虫出现的日期也可以根据超过一定温度（叫作 "发育临界温度"）的累计天数计算**，这叫作 "有效积温"。当有效积温值超过某个固定值时，这些昆虫就会开始孵化或者羽化。看吧，就连樱花和昆虫也在做积分！

3.3 运用"素因数分解"保护个人信息

"密码技术"可以追溯到公元前

如今，网络对我们来说成了不可或缺的存在，是和水电一样重要的生活基础设施。

可是，如果网络上传输的信息能够被第三方轻易盗用，那么我们就无法放心地收发邮件，享受网购的乐趣了。因此，我们需要将用来传达信息的电子数据进行加密，防止第三方恶意盗用。将数据加密，防止第三方读取的技术叫作"密码技术"。到现在为止，人们已经开发出了各种各样的密码技术。

其实**密码技术历史悠久，甚至能追溯到公元前2000多年**。最古老的密码叫作"凯撒密码"，据说是古罗马时期的尤利乌斯·凯撒（前100—前44）想出的密码。凯撒密码很简单，遵从三字母法则进行转换。比如要发送的信

息是 "草莓"（いちご），现在需要按照日语五十音图的顺序把每个假名向后移动 3 位，于是 "い" 变成了 "お"，"ち" 变成了 "と"，"ご" 变成了 "ず"，传递出的信息为 "おとず"。

这时，只要接收信息的人事先知道每个假名向后移动了 3 位，就可以解读出对方发送的信息是 "草莓"（いちご）。如果有人想要窃取这条信息，只要他不知道每个假名向后移动了 3 位的规律，就不会知道 "おとず" 代表的意思是 "草莓"（いちご），窃取便会失败。

虽说如此，但凯撒密码的规律过于简单，很容易被破解。因此人类后来又发明出了各种各样的密码技术。**密码技术是随着设密码的人与解密码的人长达好几个世纪的攻防战逐渐发展起来的。**

"RSA 密码" 可以保护我们的信息

近年来，进行电子数据交换时经常用到 "对称加密"。

这是一种使用相同密钥进行加密和解密的密码技术。密钥的作用是解密，一般情况下只有共享密钥的双方才能解密数据。

另外，一种被称为"RSA密码"的密码技术如今已成为主流，在邮件收发、网购领域广泛使用。RSA密码使用的并非共享密钥，而是"公开密钥密码"。这种密码技术使用不同的密钥进行加密和解密，可以公开用来加密的密钥。如果使用共享密钥密码，那么密钥在交付阶段存在被盗的风险，而且秘密交付共享密钥需要花费一定成本。所以，一般人使用共享密钥密码进行数据收发比较困难，而公开密钥密码解决了这个问题。使用公开密钥密码时，即使知道了加密密钥，在现实中想要实现解密也非常困难，所以加密密钥可以公开。

RSA密码利用了**素因数分解的困难性**。它将巨大的素数相乘，并将结果作为加密密钥公开，就算拥有超级计算机，要想分解出原本的素数也需要花费数百年的时间，所以在现实中解密非常困难。

　　细田守导演的动画电影《夏日大作战》中，曾出现主人公小矶健二一边流鼻血一边破译密码登录计算机的场景，这段情节讲述了健二完成了连超级计算机都难以完成的大数的素因数分解，但那毕竟是电影中的情节，在现实中无论是多么优秀的天才都不可能做到。

　　顺带一提，大家听说过超级难题 "费马大定理" 吗？它是由法国法官、数学家皮埃尔·德·费马（1601—1665）提出的著名定理，直到费马逝世大约 300 年后，于 1995 年才得到证明。大家有没有好奇过 ·件事？既然有费马大定理，是不是也有费马小定理呢？没错，费马还提出过一个关于素数的定理，就是**费马小定理，而它也是 RSA 密码的基础**。证明费马小定理的人是德国数学家戈特弗里德·威廉·莱布尼茨，他和牛顿并称为微积分的创始人。长久以来，人们一直认为素数研究对社会没有帮助，但如今，RSA 密码已成为我们生活中不可或缺的支撑。费马恐怕做梦都想不到自己的研究会以这样的形式支撑现代社会吧。我认为这正是数学的有趣之处，也是科学的妙趣所在。

破解 RSA 密码的量子计算机

如今，研究和开发量子计算机的竞争在全世界进行得如火如荼。量子计算机是指利用带有量子性质的原子、电子等处理信息的计算机。据说如果量子计算机能够投入实际应用，那么 RSA 密码将失去作用。这是因为在 1994 年，美国数学家彼得·舒尔（1959—　）开发出了适用于量子计算机的"舒尔算法"，在数学上已经证明只要利用舒尔算法，无论是多大的素数相乘，都能轻易完成素因数分解。

另外，还有一种公开密钥密码，叫作"椭圆曲线密码"。这种密码发明于 1985 年，利用了"代数几何学"。代数几何学是数学的重要分支，我尊敬的生于德国、居于法国的数学家亚历山大·格罗滕迪克（1928—2014）从 20 世纪 50 年代后半期到 20 世纪 60 年代在这一领域做出了巨大贡献。不过遗憾的是，据说如果使用舒尔算法，椭圆曲线密码也能够被破解。虽说如此，量子计算机距离投入实际应用还很遥远，**据说最快也要到 10 多年后才可能使用舒尔算法破译密码。**

3.4　用"统计学"正确分析数据

与"概率论"共同发展的"统计学"

在高中数学中,"概率"和"统计"需要同时学习。掌握这两项内容的基础知识后,人们就可以做出合理的判断,而非仅凭借直觉胡乱猜测。概率是统计的基础,它基于数学预测尚未发生的事情;统计则是调查现实世界中已经发生的事情,将其转换为数据,并以数据为基础进行分析的分支学科。

统计学与概率论都很重要,这两个领域是被称为"精算师"的数学专业人才大显身手的地方。

统计学与概率论均始于 17 世纪。统计学的创始者之一是英国富商约翰·格兰特(1620—1674),他调查分析了埋葬在伦敦教堂的死者记录,进而发现了与出生、结婚、死亡相关的群体性规律,并于 1662 年出版了《关于死亡表的自然的和政治的考察》这一著作。在该著作中，格兰特揭示了每 100 个人中有 36 个人在 6 岁前死亡等事实。

后来，众多学者在发展概率论的同时发展了统计学方法论。比如因计算哈雷彗星轨道而闻名的英国天文学家、数学家、地球物理学家埃德蒙·哈雷（1656—1742），在 1693 年成为世界上第一个在论文中提到"生命表"的人。这张表推算了从出生开始各年龄段人类的生存比例，依据生命表可以计算出人类的平均年龄。后来，哈雷又在生命表的基础上，归纳出了按照年龄区分人寿保险金额的方法，以及与养老金有关的价值评估公式，奠定了现代保险行业与养老金运营的基础。英国政府之所以能以符合购买者年龄的适当价格提供养老金服务，正是得益于哈雷。哈雷的这些功绩在人口统计学历史上意义重大。

后来，统计学也成了各个科学领域的重要基础。

选举时进行的投票站出口调查需要调查多少人

统计学在我们的生活中发挥作用的常见例子之一是选举速报。是不是有很多人疑惑选举速报节目为什么不仅能预测开票率，还能预测 "确定当选" 的人呢？一个原因是节目组开展了投票站出口调查。工作人员前往选举会场对投过票的选民进行调查，这就是投票站出口调查。

假设一共有 20 万选民，现在对 1000 个人进行了投票站出口调查，投给 A 的有 600 个人。不过，我们并不能凭借这个数据判断 "A 确定当选"，因为或许只是该地区支持 A 的人较多而已。

也就是说，如果只在同一个地点，或只询问同一年龄层的人，那么信息就会产生偏差，从而无法掌握整体情况。

究竟应该对多少人进行投票站出口调查才合适呢？只调查 1 个人肯定不行。可是如果调查全部 20 万选民，虽然结果是准确的，且与选举开票结果相同，但这样就失去了调查的意义。

因此，尽管调查的人数越多，预测越准确，但节目组还是希望能够通过调查尽可能少的人，得出尽可能准确的结果。

这时就需要用到统计学中的"抽样调查"方法。**抽样调查是指从总体中抽取一部分样本进行调查**。选举速报的投票站出口调查就属于抽样调查，但是因为抽样调查只调查了部分样本，所以必然会产生误差（样本误差）。在统计学中，只要确定容许出现的误差范围，代入计算必要样本量（在样本调查中需要调查的样本数量）的公式，就能求出所需的样本数量。当然，除了选举，这个公式同样适用于在工厂中抽样调查产品品质等各种场景。

"改划选区"击中了数据统计的盲点

在与统计学相关的事情上，大家应该经常听到"不要被统计数据欺骗"的说法。

以前，美国有一位名叫埃尔布里奇·格里（1744—

1814）的政治家。他是 1776 年美国《独立宣言》以
及《邦联条例》的签署人之一，后来就任马萨诸塞州州
长。可是他在 1812 年的选举中为了使特定政党与候选人
获利，设定了不公正的选区划分，所以现在对特定政党
与候选人有利的不公正的选区划分被称为"格里蝾螈"
（Gerrymander），意为不公正地改划选区，格里也作为这个
词的词源人物而广为人知[①]。不公正地改划选区指的是在划
分选区时让本党的候选人以最少得票数当选，使反对党产
生尽可能多的废票，或者为了使本党获利而肆意操作的行
为。英语中之所以将这种选区划分称为"Gerrymander"，
是因为当时形成的选区划分形状像传说中住在火里的蝾螈
"Salamander"一样不自然。

　　格里对选区的不正当改划，导致美国宪法草案的赞成
者们惨败。可以说这是一种让统计数据看起来对自身有利
的陷阱。**如果不能保证统计数据的随机性，那么统计数据**

---

① Gerrymander 这个词是由 Elbridge Gerry（埃尔布里奇·格里）的姓氏
和 Salamander（蝾螈）两个词部分合并而来的。——编者注

本身就失去了意义。不公正地改划选区正是巧妙击中了统计数据的这个盲点。日本在 1956 年也发生过同样的事件。当时鸠山一郎内阁为了保证同意修改宪法的议员人数足够，向国会提出了小选举区制划分法案，但由于这项法案的目的是有利于本党，其中包含形状非常不自然的选区划分，因此被称为"Hatomander"[①]，未能通过。

因为今后可能会利用信息与通信技术实施选举，所以人们担心出现被称为"数字格里蝾螈"的伎俩，并正为此积极思考新的规制。

举例来说，统计学中有一个概念叫"置信区间"，指的是总体统计量（真实值）有一定概率落在测量结果周围。统计量是实际调查得到的真实值，真实值落在确定范围内的概率，也就是置信区间包含真实值的概率被称为"置信水平"。

在置信区间的概念中，置信水平 100% 指的是**"无论

---

① Hatomander：Hato（鸠山一郎的鸠）与 Gerrymander 中的"mander"组成的合成词。

如何改变样本，进行多少次区间估计，真实值都会 100% 落在置信区间内"。也就是说，如果是置信水平为 95% 的置信区间，无论怎样改变样本，进行多少次区间估计，平均下来，100 次中大概会有 5 次真实值没有落在置信区间内的情况（如下图所示）。

比如，假设日本人的平均身高（总体均值）为 170 cm。这时，我们进行 100 次抽样实验，每次随机选出 100 个人，

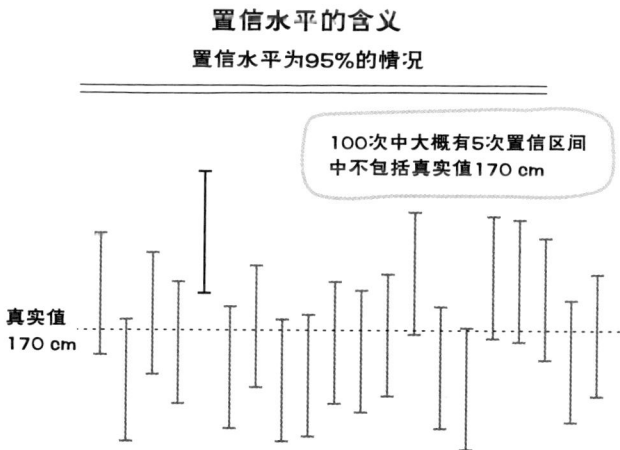

置信水平的含义

置信水平为95%的情况

100次中大概有5次置信区间中不包括真实值170 cm

真实值
170 cm

计算出置信水平为 95% 的置信区间。那么在 100 个置信区间中，大概会有 5 个并不包括 170 cm 这个总体均值。

统计本来的目的是调查某个事物的数值。比如你想证明某座岛上的蝴蝶比其他地方的同种蝴蝶更大。

就算种类相同，蝴蝶的大小也会有一定差别。道理很简单，只要岛上蝴蝶的平均尺寸大于其他地区同种蝴蝶的平均尺寸，就可以说"这座岛上的蝴蝶更大"。理论上说，可以在调查岛上所有蝴蝶的大小后，求出平均值来完成证明，然而实际上很难做到全数调查，或许只是你看到的蝴蝶恰好很大。这里就要用到统计学了。

统计学是一个艰深的领域，不过研究热度很高，同样是近年来发展最显著的领域之一。**随着统计学的发展，通过实验、观测、调查得出的数据能够获得更准确的数学解释**，这一点很有意思，感兴趣的人请一定要学一学。

3.5　用数学解析"血型之谜"

数学家讨厌"血型占卜"

下面这个话题有些突然，大家相信"血型占卜"吗？具有代表性的 ABO 血型有 4 种，A 型、B 型、O 型和 AB 型。如果按照性别与血型相结合进行组合，如男女均为 A 型血、男性为 A 型血而女性为 B 型血等，一共有 4×4=16 种类型。"血型占卜"会为人们介绍最合适自己的 3 种组合与最糟糕的 3 种组合，或许有很多人会用"血型占卜"自己与喜欢的人是否合适。这种"血型占卜"其实依靠的是"B 型血的男性虽然品位好，但是我行我素""O 型血的女性善于照顾人，但是嫉妒心强"等刻板印象。

数学家中应该很少有人会相信"血型占卜"，不过这并不是因为他们都是对占卜没有兴趣的现实主义者，而是因为血型可以用概率论来解释。

血型与"概率"的关系

孩子的血型是由父亲和母亲的血型决定的,这遵循生物学原理。比如我的父母都是 B 型血,我和我的妹妹都是 O 型血。下面我将用数学中的概率论来解释其中的含义。

事实上,A 型血和 B 型血的人分别有 2 种基因型。如果是 A 型血,则有可能是 AA 型或者 AO 型基因;如果是 B 型血,则有可能是 BB 型或者 BO 型基因。因为 A 和 B 是显性基因,O 是隐性基因,所以 AO 型基因表现为 A 型血,BO 型基因表现为 B 型血。也就是说,**血型的基因型有 AA, AO, BB, BO, AB, OO 这 6 种。**

由此可知,我父母的基因型是 BB 型或者 BO 型。假设他们的基因型都是 BB 型。因为孩子会从父母双方身上各继承一个基因,所以 BB 型基因的父母所生的孩子也是 BB 型基因的,也就是 B 型血。当父亲和母亲是 BB 型和 BO 型的组合时,孩子会是什么血型呢?组合方式一共有 2×2=4 种,但是整理相同的组合后会发现,BB 型和 BO

型各有 2 个，所以该组合的孩子都是 B 型血。

　　当父母是 BO 型与 BO 型的组合时，会出现 1 个 BB 型、2 个 BO 型、1 个 OO 型这 4 种组合方式。那么孩子的血型有 2 种可能，分别是 B 型（BB 型和 BO 型）与 O 型（OO 型）。在这里我希望大家关注的是概率。B 型血的孩子占据 4 种组合方式中的 3 种，而 O 型血的孩子只占 4 种组合方式中的 1 种，所以假设所有组合方式出现的概率相同，那么生出 B 型血的孩子的概率为 75%，生出 O 型血的孩子的概率为 25%。也就是说，**我父母的血型都是 BO 型，我和妹妹都是 O 型血的概率只有 6.25%**（25%×25%）。

　　在得知自己和妹妹都是 O 型血是罕见情况时，不知道为什么，我突然觉得很开心。请大家也根据父母的血型，推测一下自己和兄弟姐妹的血型吧，说不定会有意外发现！

就算代际交替，数学比例依然固定

血型遗传遵循严格的生物学规则，下面让我们来想一想代际交替会产生什么样的结果。

先假设在理想情况下，AA：AO：BB：BO：AB：OO的人口比例为均等的 1：1：1：1：1：1。但是请注意，A 型血：B 型血：AB 型血：O 型血 =(AA+AO)：(BB+BO)：AB：OO=2：2：1：1，人口比例并不均等。

设定各基因型的夫妻为第 1 代，每对夫妻生出分别为 4 种基因组合（2×2=4）的 4 个孩子。下页图中展示了第 2 代的 4 个孩子分别是什么样的基因型。数一数就会发现，孩子的基因型比例如下。

AA：AO：BB：BO：AB：OO=16：32：16：32：32：16=1：2：1：2：2：1，那么 A 型血：B 型血：AB 型血：O 型血 =3：3：2：1。

再假设第 2 代的夫妻同样生出了分别为 4 种基因组合的 4 个孩子，让我们来数一数第 3 代孩子们的基因型比例，

下一代的血型比例

第 2 代

		A		B		AB	O
		AA	AO	BB	BO	AB	OO
A	A	AA AA	AA AO	AB AB	AB AO	AA AB	AO AO
	A	AA AA	AA AO	AB AB	AB AO	AA AB	AO AO
	A	AA AA	AA AO	AB AB	AB AO	AA AB	AO AO
	O	AO AO	AO OO	BO BO	BO OO	AO BO	OO OO
B	B	AB AB	AB BO	BB BB	BB BO	AB BB	BO BO
	B	AB AB	AB BO	BB BB	BB BO	AB BB	BO BO
	B	AB AB	AB BO	BB BB	BB BO	AB BB	BO BO
	O	AO AO	AO OO	BO BO	BO OO	AO BO	OO OO
AB	A	AA AA	AA AO	AB AB	AB AO	AA AB	AO AO
	B	AB AB	AB BO	BB BB	BB BO	AB BB	BO BO
O	O	AO AO	AO OO	BO BO	BO OO	AO BO	OO OO
	O	AO AO	AO OO	BO BO	BO OO	AO BO	OO OO

第 3 代

		A			B			AB		O
		AA	AO	AO	BB	BO	BO	AB	AB	OO
A	A	AA AA	AA AO	AA AO	AB AB	AB AO	AB AO	AA AB	AA AB	AO AO
	A	AA AA	AA AO	AA AO	AB AB	AB AO	AB AO	AA AB	AA AB	AO AO
	A	AA AA	AA AO	AA AO	AB AB	AB AO	AB AO	AA AB	AA AB	AO AO
	O	AO AO	AO OO	AO OO	BO BO	BO OO	BO OO	AO BO	AO BO	OO OO
	O	AO AO	AO OO	AO OO	BO BO	BO OO	BO OO	AO BO	AO BO	OO OO
B	B	AB AB	AB BO	AB BO	BB BB	BB BO	BB BO	AB BB	AB BB	BO BO
	B	AB AB	AB BO	AB BO	BB BB	BB BO	BB BO	AB BB	AB BB	BO BO
	B	AB AB	AB BO	AB BO	BB BB	BB BO	BB BO	AB BB	AB BB	BO BO
	B	AB AB	AB BO	AB BO	BB BB	BB BO	BB BO	AB BB	AB BB	BO BO
	O	AO AO	AO OO	AO OO	BO BO	BO OO	BO OO	AO BO	AO BO	OO OO
AB	A	AA AA	AA AO	AA AO	AB AB	AB AO	AB AO	AA AB	AA AB	AO AO
	B	AB AB	AB BO	AB BO	BB BB	BB BO	BB BO	AB BB	AB BB	BO BO
	A	AA AA	AA AO	AA AO	AB AB	AB AO	AB AO	AA AB	AA AB	AO AO
	B	AB AB	AB BO	AB BO	BB BB	BB BO	BB BO	AB BB	AB BB	BO BO
O	O	AO AO	AO OO	AO OO	BO BO	BO OO	BO OO	AO BO	AO BO	OO OO
	O	AO AO	AO OO	AO OO	BO BO	BO OO	BO OO	AO BO	AO BO	OO OO

AA：AO：BB：BO：AB：OO＝36：72：36：72：72：36＝1：2：1：2：2：1，也就是说 A 型血：B 型血：AB 型血：O 型血 ＝3：3：2：1。令人吃惊的是，第 2 代和第 3 代的血型比例完全相同！也就是说，**今后无论经过多少次代际交替，在每对夫妻生出分别为 4 种基因组合的 4 个孩子的条件下，血型比例都是固定的。**

不同国家的人的血型比例差异

以上是数学理论分析，实际上有些国家的血型比例有很明显的偏向。现在日本人的 4 种血型的比例为：A 型血占 39%，O 型血占 29%，B 型血占 22%，AB 型血占 10%。也就是说，A 型血：B 型血：AB 型血：O 型血≈4：2：1：3。而且不同国家的比例有很大不同。以美国白人为例，O 型血的人数最多，占比达到了 45%，接下来是 A 型血占 42%，B 型血占 10%，AB 型血占 3%。另外，墨西哥人中，O 型血占 84%，超过了半数，A 型血占

11%, B 型血占 4%, AB 型血占 1%。法国人则是 A 型血占 47%, O 型血占 43%, B 型血占 7%, AB 型血占 3%。

说到不同血型的人数为什么呈固定比例, 人们普遍认为, 是过去的传染病等造成人口急剧减少的偶然变化 (遗传性变化) 导致集群内部出现了血型偏向。

大概是因为偏向比较明显, 在日本之外的很多国家和地区, 人们并没有将血型与性格绑定起来的刻板印象, 也不存在 "血型占卜", 以及根据血型进行的性格诊断, 甚至根本不知道自己血型的人有很多。

4

天才还是怪人？——
数学家们的故事

4.1 伟人毕达哥拉斯不为人知的一面

毕达哥拉斯

生卒年份：约前 582—约前 496

出生地：古希腊

本章将为大家介绍我所尊敬的一些数学家的伟大成就，以及他们不同寻常的小故事。这些数学家留下的研究成果至今依然熠熠生辉。他们之中也有一些特立独行的人，甚至有人被称为"怪人"。不过，正是这些古怪之处让人感受到他们身上的人情味。

毕达哥拉斯是古希腊著名的数学家。大约在公元前530年，他在意大利南部小城克罗托内，**与众多和他的思想产生共鸣的弟子共同创立了"毕达哥拉斯学派"**。因为那已经是2500多年前的事情了，所以无法代入现代社会对这个学派进行想象，不过毕达哥拉斯是提倡"数秘术"等思想、相当形而上的人，因此可以猜测毕达哥拉斯学派类似于一种宗教团体。

毕达哥拉斯学派的成员多达数百人，除了数学之外，他们还会研究天文学、哲学、宗教、音乐等。

除了证明勾股定理，毕达哥拉斯还有其他重要发现。比如，他证明了三角形的内角和为 180°，并且发现了正多面体（每个面都是全等的正多边形，并且每个多面角都是全等的多面角的立体图形）只有 5 种，分别是正四面体、正六面体、正八面体、正十二面体、正二十面体。

他发现了数学与音乐的关系

毕达哥拉斯的另一大发现是声音与整数之间存在密切联系。他使用各种长度的琴弦进行试验，研究发现音高每提高一个八度，琴弦的长度就缩短到原来的二分之一，即

琴弦的长度比始终保持2∶1。毕达哥拉斯还发现，除了2∶1之外，当琴弦的长度比为4∶3、3∶2等简单的整数比时，就能演奏出优美的和弦。

4.2　被称为"世界上第二聪明的人"的数学家

埃拉托色尼

生卒年份：约前 275—约前 194

出生地：古希腊

埃拉托色尼是在数学和天文学领域都建树颇丰的古希腊学者，同时也是古希腊伟大的数学家、天文学家阿基米德的好友。

他的杰出成就是发明了找到素数的方法——"埃拉托色尼筛法"，这种方法被称为人类最古老的算法。埃拉托色尼筛法是一种保留素数、按顺序筛掉素数的倍数的方法。先按顺序写出从 2 开始的自然数，筛掉最小的素数 2 的倍数（因为 2 是素数，所以留下）。接下来从剩下的自然数中筛掉除 2 之外的最小素数 3 的倍数（因为 3 是素数，所以留下）。用同样的方法筛掉 5 的倍数、7 的倍数、11 的倍数，逐一筛掉素数的倍数后，最后就只剩下了素数。可以说，埃拉托色尼发明的方法很简单，非常原始，但是直到 2000 多年后的今天，人们依然没有找到比它更好的方法。

现在世界各国都在不断竞争，利用超级计算机发现新的素数，可是埃拉托色尼筛法依然是目前在使用的找出素数的最快方法。我非常佩服他竟然能在 2000 多年前就想出这个方法。

一个输给柏拉图的天才

埃拉托色尼的另一项重要功绩是测量出了地球的大小。他利用纬度、经度画出了比例尺准确的地图，由此测出了地球的大小。据说他的测量误差在 10% 左右，准确度之高令人震惊。另外，埃拉托色尼对地球大小的测量需要建立在知道地球是圆的、知道射向地球的太阳光是平行光的基础上，可见当时的人们其实已经具备了相当高的知识水平。

　　顺带一提，在埃拉托色尼的众多逸事当中，我很喜欢的是他绰号为"β"这件事。埃拉托色尼是个全才，知识面很广，但与生活在同一时代的柏拉图相比总是略逊一筹。所以，相对于被称为"α"的柏拉图，埃拉托色尼被称为"β"，意思是"第二个柏拉图"，相当于"世界上第二聪明的人"。

4.3 现代依然存在的"费马大定理"

皮埃尔·德·费马

生卒年份：1601—1665

出生地：法国

费马一生都在法国南部的图卢兹议会工作，是一名公务员，数学似乎只是他出于兴趣进行的研究。因为费马大定理很出名，所以很多人知道了他。他在自己喜爱的数学著作《算术》的空白处写下了自己的很多灵感和想到的问题。后世的数学家解开了费马留下的大部分问题，不过最后还是留下了其中一个，这就是费马大定理。费马曾在费马大定理旁边写下一句意味深长的话："关于这个命题，我确信已发现了一种美妙的证法，可惜空白太小写不下。"后来，这个超难的问题在近 350 年的时间里，一直困扰着

众多数学家。直到 1994 年，英国数学家安德鲁·怀尔斯
终于成功证明了费马大定理。有趣的是，怀尔斯证明费
马大定理所使用的是代数几何学中的椭圆曲线，**这是费
马生活的时代尚未出现的新理论，所以我想，费马留下
的"我确信已发现了一种美妙的证法"这句话，大概是
谎言吧。**

支撑 IT 公司的"费马小定理"

正如我前面介绍的那样，费马小定理已成为 RSA 密
码的基础。费马小定理的内容是：如果 p 是一个素数，
而整数 a 不是 p 的倍数，则 $a^{p-1}-1$ 能被 p 整除。因为
不好理解，所以我将举出具体的例子来解释。以 $p=5$
为例，请大家尝试计算当 a 为 1、2、3、4 时，$a^{p-1}-1$ 分
别是多少。$1^4-1=0$，$2^4-1=15$，$3^4-1=80$，$4^4-1=255$，
全都可以被 5 整除。RSA 密码正是巧妙利用了数的这项
性质。

费马大定理现在还无法在我们的生活中派上用场，不过费马小定理已经成为支撑 IT 公司根基的极为重要的定理。基于这一点，我更想向大家推荐费马小定理。

4.4　引领日本江户时代"数学热"的数学家

关孝和

生卒年份：约 1640—1708

出生地：日本

日本从明治五年（1872 年）开始正式将西方数学引入学校教育中，以此为契机，数学教学的所有内容都被换成了西方数学。在此之前，日本从飞鸟时代到奈良时代一直从中国引入数学，并独自发展出了"和算"。和算在日本江户时代风靡一时，那个时代的数学家也被称为"和算家"。**在和算家中，将和算向高等数学推进一大步的人是关孝和。**

据说关孝和读了中国人朱世杰于 1299 年所著的《算

学启蒙》后，理解了书中提到的"天元术"——一种用算术和算盘解高次方程的方法。于是关孝和改进了天元术，创立了新的高次方程解法。

关孝和还独自发现了行列式、二项定理等。令人惊叹的是，他发现伯努利数的时间甚至早于给伯努利数命名的瑞士数学家雅各布·伯努利（1654—1705）。这些成果收录于关孝和的弟子于1712年编纂出版的《括要算法》中。

另外，关孝和的著名功绩之一是计算圆周率 π 的近似值。据说他仿照和算家村松茂清（1608—1695）于1663年所著的《算俎》中的方法，**于1681年利用与圆形内接的正131072边形计算出圆周率 π，精确到小数点后11位**。虽然关孝和并没有发现求圆周率近似值的公式，但后来他的弟子建部贤弘成为日本第一个完成用公式求圆周率近似值的人。可见当时和算并不逊色于西方数学，且一直在向高等数学的方向发展。

"鸡兔同笼"算法

如今听到和算，大家可能没有概念，其实在日本进入明治时代、西方数学成为主流之前，和算是与日本人的日常生活密切相关的学科。"鸡兔同笼"算法就是一个例子。在日本江户时代的和算家今村知商的著作《因归算歌》（宽永十七年，即 1640 年出版）中就出现了与之类似的"鹤龟同笼"算法。题目为："鹤和乌龟一共有 50 只，共 122 条腿，那么乌龟和鹤各有多少只？"答案是鹤有 39 只，乌龟有 11 只。鹤和乌龟的数量一共是 50，乘以每只乌龟的腿的数量 4 能得到 200，减去实际的腿的数量得到 200-122=78。因为每只鹤和每只乌龟的腿的数量相差 2，所以用 78 除以 2 就能得到鹤的数量。

除了鸡兔同笼算法之外，和算中还有很多让小学生也能乐在其中的题目，比如计算偷窃丝绸的小偷数量的"偷丝人算法"，大家了解过后一定会感受到其中的乐趣。

4.5 万能的天才也会投资失败

艾萨克·牛顿

生卒年份：1643—1727

出生地：英国

牛顿是最著名的科学家之一，相较于被视为数学家，认为他是物理学家的人或许要多得多。牛顿看到苹果从树上掉下来，于是发现了"万有引力"，这是连小学生都知道的故事。

在 1665 年 6 月到 1667 年 1 月这一年半的时间里，牛顿完成了"牛顿三大发现"，其中之一就是万有引力，另外两个是**"光理论"**和**"微积分"**。

其实在此期间，伦敦出现了大规模鼠疫，牛顿所在的剑桥大学因此关闭，他便回到了故乡伍尔索普。于是，他

在故乡完成三大发现的这一年半时间被人们称为"具有创
造性的假期"。

"人人都疯狂的行为无法计算"

关于牛顿的众多逸事中，我特别想为大家介绍的是他
投资失败的经历。

重大判断失误！！

　　当时股票市场在英国高速发展，很多人热衷于股票交易。在这样的背景下发生了"南海泡沫事件"。1720年，英国政府出售的南海公司的股票大涨，股票市场陷入混乱，英国完全进入了泡沫经济时期。

　　牛顿也被这次泡沫经济所摆布，蒙受了大约相当于现在的 4 亿日元的巨大损失。相传他还留下了一句话："**我可以计算出天体的运动，却无法计算出人们疯狂的行为。**"可见，就算是大数学家也不一定有投资才能。

4.6　因决斗英年早逝的天才

埃瓦里斯特·伽罗瓦

生卒年份：1811—1832

出生地：法国

伽罗瓦是位 20 岁就英年早逝的天才数学家。

如今，"集合"已经是能够在数学课上理所当然使用的概念，而伽罗瓦所在的时代还没有出现这个概念。伽罗瓦在世界上首次构造出集合这个概念并称之为"群"，而他创建的这个理论被称为"伽罗瓦理论"。

我们会在大学三年级左右学到伽罗瓦理论，大概在二十一二岁。而伽罗瓦在比如今的大学三年级学生还要年轻，不到 20 岁的时候就确立了这个理论，这是很多数学系的学生知道后会感到惊讶的事。另外，在初中数学课上，我们会学习二次方程的"求根公式"，伽罗瓦则在伽罗瓦理论的基础上证明了五次及五次以上的方程不存在"求根公式"。

伽罗瓦出生在一个富裕家庭，父亲是镇长，母亲是法官的女儿。年幼的伽罗瓦由母亲全权负责教育，在12岁时进入巴黎的名门学校路易皇家中学学习。

伽罗瓦15岁时，遇到了一个对他此后的人生产生巨大影响的事物，那就是数学。他埋头于数学课上使用的课本——法国数学家勒让德（1752—1833）的《几何学基础》，只用两天时间就读完并且理解了通常需要两年才能学完的内容。

伽罗瓦16岁时，为了更深入地学习数学，参加了难度很高的理工高等教育机构巴黎综合理工学院的考试，遗憾的是没有考上，于是他回到路易皇家中学，跳级进入了数学特别班。在那里，伽罗瓦不仅学习当时引领数学界的数学家们的研究，还开始自己撰写论文，这便是现在的伽罗瓦理论的原型。路易皇家中学的数学老师将伽罗瓦的论文交到了法国科学院的审查员之一奥古斯丁·路易·柯西（1789—1857）手中，然而柯西并没有将这篇论文交给法国科学院，至于原因，众说纷纭。

在伽罗瓦生活的时代，法国正在进行七月革命。在这样的背景下，伽罗瓦的父亲于 1829 年被卷入政治阴谋，最终身亡。伽罗瓦在悲痛中再次参加了巴黎综合理工学院的考试，却又一次落榜。他没有办法，只好进入了另一家高等教育机构高等师范学院，但又无法适应学校生活，于是在数学世界里越陷越深，不能自拔。

后来，伽罗瓦重新着手写之前交给柯西后不知去向的论文，并再次尝试提交给法国科学院。然而悲剧的命运再次降临，由于收到论文的审查员数学家让·巴蒂斯特·约瑟夫·傅里叶（1768—1830）猝然离世，这篇论文没能被提交给法国科学院就遗失了。

决斗前留下的信

在这种情况下，心灰意冷的伽罗瓦加入七月革命，逐渐沉迷于政治活动，他因此被高等师范学院退学，甚至被关进监狱。

假释出狱两个月后，在 1832 年 5 月 30 日，伽罗瓦为了一名女子与人决斗，结果以 20 岁的年龄英年早逝。决斗前一天晚上，伽罗瓦做好了赴死的准备，他给朋友写了一封长信，信中除了"我已经没有时间了"这句话之外，还有他全部的数学研究成果。在伽罗瓦去世 50 年后，伽罗瓦理论终于在这封信的基础上得到巨大的发展。如果他没有在 20 岁就英年早逝，或许伽罗瓦理论会更早问世，或许他还能创立更多的新理论。我由衷地为伽罗瓦不幸的一生感到惋惜。

4.7　不断"灵光一闪"的印度数学家

斯里尼瓦瑟·拉马努金

生卒年份：1887—1920

出生地：印度

　　拉马努金是一位印度天才数学家，几乎全凭自学开展深入的数学研究。他生长在印度南部的贡伯戈讷姆，小时候成绩优异。15 岁时，他与英国数学家乔治·肖布里奇·卡尔（1837—1914）的著作《纯粹数学与应用数学概要》完成了命运般的邂逅。这是一本面向学生的数学公式集，整理了大约 6000 条定理和公式，几乎都没有证明过程。拉马努金对这本书爱不释手，凭借自己的力量证明了书中的定理和公式，甚至不断发现新的定理和公式，然后把新发现写在本子上。可是他只记下了定理和公式的结果，完全没有写出证明过程。被他写在本子上的定理和公式有些是当时已经被证明的，也有不少是拉马努金独自发现的全新内容，其数量多达 3254 条。

如今，他是如何发现这些定理和公式的已经成为一个谜，不过据说他生前曾经说过"我每天向娜玛吉利女神祈祷，这些都是她的启示"。或许是因为拉马努金这段天才逸事，人们往往会认为数学家发现新的定理和公式就像得到神的启示，实际上那些定理和公式并非来自灵光一闪，它们几乎全都是数学家在多年朴素踏实的研究基础上推导出来的。我想拉马努金自己也是经过大量的计算，深思熟虑后才推导出了那些定理和公式。

有一天，拉马努金给两名英国人写信，希望他们看看自己的研究成果。可是当时的英国人才不会把殖民地印度一个名不见经传的人写的信放在眼里。

尽管如此，拉马努金并没有放弃，他在 1913 年给自己前不久刚刚读过的一篇论文的作者写了信，从自己发现的定理和公式中选择了 52 条写在信里。收到这封信的人是剑桥大学教授 G. H. 哈代(1877—1947),虽然哈代当时只是一名 35 岁的年轻讲师,但已经是数学界的知名人物。哈代看到了拉马努金出类拔萃的才能,在 1914 年邀请他来到剑桥大学三一学院,两人开始了共同研究。

拉马努金与哈代共同研究得到的重要成果有"拆分数"等。拆分数是指将一个自然数分解成几个数之和,一共有多少种方法。举例来说,自然数"4"可以表示为 4+0,3+1,2+2,2+1+1,1+1+1+1,一共有 5 种方法,那么 4 的拆分数就是 5。问题很简单,就连小学生都能理解,可是随着自然数越来越大,拆分数的值会迅速增大,所以至今还没有能直接求出任意自然数的拆分数的公式,这是一个多年未解决的难题。

不过拉马努金与哈代挑战了这道难题,最终成功找到可以求出任意自然数的拆分数近似值的公式,并且准确度很高。

如果哈代没有发现拉马努金的才能,拉马努金可能就无法登上数学的历史舞台,因此我打从心底想要为哈代邀请拉马努金的行动鼓掌。然而遗憾的是，拉马努金是素食主义者，他认为除了婆罗门，其他所有人做的饭都是不洁之物，因而一口都不吃，再加上他在英国水土不服导致生病，只好在 1919 年返回了印度。之后他的身体并没有恢复，于第二年以 32 岁的年龄英年早逝。

因为出租车而发现的特别的数

关于拉马努金，有一则关于"的士数"的著名趣闻。相传哈代去看望住在英国医院里的拉马努金时，告诉了他自己乘坐的出租车的车牌号，并对他说："1729 真是个无聊的数。"结果**拉马努金却回应说："不是的，这个数可是能够写成两种两个立方数之和的最小的数。"**事实上 $1729 = 1^3 + 12^3 = 9^3 + 10^3$，确实有两种写成两个立方数之和的方法。这正是能够体现出拉马努金天才之处的趣闻。

无论如何，拉马努金在数学领域都是极为特殊的存在，只能用天才来形容。

4.8 拥有"世界最强计算能力"的全能天才

约翰·冯·诺依曼

生卒年份：1903—1957

出生地：匈牙利

冯·诺依曼是 20 世纪的代表性全能天才，留下了很多趣闻。除了数学，他还对计算机科学、量子力学、经济学、气象学等广泛的领域产生过影响。尤其是在经济学领域，他因为 1928 年提倡的"博弈论"而广为人知。

博弈论是将掌管社会和经济权力的人看成游戏玩家，在考虑相互影响的情况下做决定的理论。比如扑克牌、黑白棋、国际象棋、围棋、将棋等，都是一方获益会导致另一方受到损失的游戏，叫作"零和游戏"。冯·诺依曼证明了在零和游戏中，存在令玩家利益最大化、损失最小化的游戏解法，即"极大极小原理"。根据极大极小原理，冯·诺依曼在数学领域创立了博弈论分支。

1944年，冯·诺依曼与出生于德国的经济学家奥斯卡·莫根施特恩（1902—1977）共同研究并总结了博弈论，出版著作《博弈论与经济行为》。从此，博弈论开始被应用于企业经营战略和国家军事战略等领域。

计算速度比计算机还快吗

关于冯·诺依曼，**最著名的当数作为现代计算机原型的冯·诺依曼机**，他也因此被称为"计算机之父"。他在制造计算机时曾说："世界上计算速度第二快的事物诞生了。"那么计算速度最快的人是谁？答案大家应该知道吧，当然是冯·诺依曼自己。**据说当时没有计算能力能够超过他的人。**

冯·诺依曼还有另一件趣闻。据说提出"不完全性定理"的数学家库尔特·哥德尔(1906—1978)在完成"第一不完全性定理"后曾让冯·诺依曼看过,冯·诺依曼进而推导出了"第二不完全性定理"。虽说如此,哥德尔还是独立推导出了"第二不完全性定理",并且先于冯·诺依曼发表。现在人们普遍认为"不完全性定理"是由哥德尔提出的。

顺带一提,冯·诺依曼在第二次世界大战时曾经帮助哥德尔、爱因斯坦等犹太科学家前往美国,以躲避纳粹的迫害。可是 1940 年之后,他自己也被卷入第二次世界大战,参与了推进核弹开发的曼哈顿计划。当时,他受命开发出的能够完成高速计算的机器,就是冯·诺依曼机。1955 年,冯·诺依曼因为左肩锁骨处的恶性肿瘤,身体变得虚弱,据说这是他参与曼哈顿计划及进入核试验现场视察时受到辐射所致。后来,冯·诺依曼于 1957 年逝世。

4.9 通过"破译密码"终结战争的男人

艾伦·图灵

生卒年份： 1912—1954

出生地： 英国

说到图灵，最出名的就是"图灵测试"和"图灵机"了。图灵机是以数学家库尔特·哥德尔发明的"哥德尔数"为基础创造出的计算机概念，被认为是现代计算机的数学模型。图灵机是我们现在使用的所有智能手机和笔记本计算机的基础。因此，**图灵被称为"计算机科学之父"。**因为图灵与制造出计算机原型的冯·诺依曼都曾在美国普林斯顿大学上学或任教，所以人们认为他们二人应该有过交流。

1939 年，图灵从普林斯顿大学毕业后回到英国，**在第**

二次世界大战期间加入英国政府密码破译组织，负责破译德军密码通信系统"恩尼格玛"，并且取得成功。英国所在的同盟国情报机关由此预测出德国的攻击地点，拯救了数万人的生命。甚至有人说"图灵成功破译德军密码，让战争结束的时间提前了 3 年"。

电影《模仿游戏》详细讲述了图灵破译密码的过程，感兴趣的读者可以去看一看。

去世后备受好评的数学家之一

然而与伽罗瓦一样，图灵也是一位命运多舛的天才。不仅破译恩尼格玛的功绩在他去世后的大约 20 年间一直是英国的国家机密，而且他还在 1952 年遭到逮捕，被迫服用大量药物。1954 年，41 岁的图灵在绝望中早早离世。想到图灵的一生，我越来越深切地感受到他是一位令人惋惜的数学家，值得得到更高的评价。

不过随着图灵的功绩逐渐被世人认可，2009 年，英国

政府为过去对他的不公正裁决道了歉。2013 年，英国女王伊丽莎白二世向图灵追加了"皇家赦免令"。**从 2021 年开始流通的新版 50 英镑纸币上就印有图灵的肖像**，肖像下方印着他在生前接受采访时说过的话："这不过是将来之事的

---

① 日语中，图灵的发音与奶油泡芙相似。

前奏，也是将来之事的影子。"据说这句话预测了未来计算机技术的发展。

　　或许可以说，在众多数学家之中，图灵是去世后最受好评的一个。

4.10 "57是素数?!"——天才数学家的误会

亚历山大·格罗滕迪克

生卒年份:1928—2014

出生地:德国

格罗滕迪克是犹太裔数学家,他可以说是现代"代数几何学"的创始人。代数几何学是现代数学的一个分支,利用代数学与几何学研究名叫代数簇的图形。与过去的代数几何学相比,格罗滕迪克引入了"概形"等概念,成功从根本上改变了代数几何学。他的代表性论文有3篇,分别是《东北数学杂志论文》(*Tohoku*)、《代数几何基础》(*EGA*)和《代数几何讨论班讲义》(*SGA*),记述了"同调代数""概形""基本群"等概念。*Tohoku*① 的名称源于 1957 年这篇论文被刊登在日本《东北数学杂志》上。

　　格罗滕迪克在法国南部的蒙彼利埃大学和南锡大学研究数学，他的著作全都是用法语写成的。如果有人想要深入学习代数几何学，就必须阅读格罗滕迪克创作的多达约 5000 页的著作，而且由于他本人的强烈意愿，其著作多年来一直没有被翻译成英语出版，因此**过去想要学习代数几何学必须先学习法语**。尽管现在他的著作已经有英语译本出版，不过依然没有日语译本，所以我听说日本至今还有很多人为此而苦恼。

晚年与数学保持距离

　　格罗滕迪克 14 岁时，他的父亲被送进了奥斯维辛集中营，这使得他有着强烈的反战思想。出于这个原因，在 1970 年前后，当得知自己所在的法国高等科学研究所接受

① Tohoku：日语中"东北"的发音。

了军方的资金援助时，他立刻选择了辞职。到了晚年，他甚至与数学保持距离，在法国的深山中过上了隐居生活。听说他一直过着诸如用路边采到的蒲公英做汤之类的非常俭朴的生活，任何人都无法与他取得联系。2014 年，86 岁的格罗滕迪克与世长辞。

说到格罗滕迪克，他年轻时也有一个关于"**格罗滕迪克素数**"的趣闻。据说**格罗滕迪克曾在某次上课时将 57 作为素数举例**。57 进行因数分解时可以分解为 3×19，所以并不是素数。如今代数几何学在素数研究中不可或缺，可是这位代数几何学的创始人格罗滕迪克却犯下了这样低级的错误，自然会被人们不断提起。举这个例子并不是想说"人有失手，马有失蹄"，而是想告诉大家，对数学家来说，一个数是不是素数并不重要，数学家并不会在日常生活中进行具体的数字计算。因此，天才格罗滕迪克的威望并不会因为这件趣闻而遭到动摇。

4.11　被"数学的深奥"所吸引

鹤崎修功

出生年份：1995

出生地：日本

最后，我想讲讲我与数学的渊源。我从小就很喜欢数字和算术，**上幼儿园的时候尽管自己解不开，但我会沉迷于在格子里抄写数独的答案**。抄写数字的感觉就像是画画。我的父亲是研究生物学的学者，母亲从事声乐工作，不知道为什么这样的两个人会生出我这样一个喜欢数学的孩子，不过我对这种生物学上的问题也基本没有兴趣。

上小学时，我参加了数学奥林匹克竞赛，在那里结识了广中平祐老师和彼得·弗兰克尔先生。广中老师毕业于京都大学，那里有以他为首的日本最多的菲尔兹奖获奖者。菲尔兹奖被誉为数学领域的诺贝尔奖，所以我曾经有段时间将京都大学作为升学目标。不过，由于高中参加数学奥林匹克竞赛的学生大多进入了东京大学，等我反应过来的时候，我的升学目标已经变成了东京大学。

广中老师的专业领域是格罗滕迪克所创立的代数几何学，当然，东京大学也有很多在这个领域颇负盛名的老师，给我上过课的川又雄二郎老师就是其中一位。除了代数几何学，东京大学还有以研究"算子代数论"著称的河东泰之老师。顺带一提，听说河东泰之老师是俳句作家河东碧梧桐的亲戚。

我原以为东京大学有很多比我更擅长数学的人，担心自己遇到挫折会放弃学习数学，幸运的是这样的事情并没有发生，直到现在我还在数学领域深耕。

数学可以粗略地分为"代数""几何"以及"数学分析"，在这三个分支中我最喜欢代数，所以最终选择了代数的分支"表示论"作为自己的专业，如今我正在研究"李代数表示论"。

另外，我还喜欢研究计算机程序和算法。李代数表示论是基础研究，不能直接与现实社会产生联系，但程序可以，比如可以通过程序设计开发出一款对社会有用的软件，这种学习自有其乐趣，不过最吸引我的依然是数学世界的无限奥秘。

想在数学世界里尽情畅游

我最想告诉大家的是，可以更多地重视自己的兴趣。

我在前文提到了参加数学奥林匹克竞赛的经历，其实我曾挑战过 3 次，结果次次落败，没能通过地方预选赛，更没能进入世界大赛前的日本预选赛。

如今学完大学博士课程再回顾当初，我觉得只要是自己喜欢的事情，哪怕并非特别擅长，也能坚持下来。当然，有些在数学奥林匹克竞赛中大放异彩的人后来成了数学家，而在数学界，还有更多像我一样几乎没有留下什么成果，但依然选择继续走数学这条道路的人。

所以，我希望**大家能做自己真正感兴趣的事情，不要在意别人的目光，尽情沉醉在自己的世界中**吧。

附 录

想教给文科生的
"计算"技巧

附录1 不擅长计算也没关系

计算能力与数学能力不同

接下来我将稍微改变主旨,谈一谈"就算计算能力不强也没关系"的话题。

因为我曾在东京大学研究生院研究数学,所以人们常常问我"数学家是不是每天都要做计算",我每次都不知道该如何回答。普通人印象中的计算和数学家需要进行的计算之间存在巨大的差距。

举例来说,提到计算,普通人脑海中浮现出的应该是"3+5=8""4×6=24"之类的四则运算,而数学家眼中的计算可不单单是四则运算。当然,有的数学家很擅长四则运算,不过这并不意味着每个数学家都擅长四则运算,也不意味着数学家之所以能成为数学家是因为擅长四则运算。

　　总而言之，我想说的是数学能力与计算能力不同，就算是不太擅长计算的人，也完全不需要害怕数学。相反，在计算机、智能手机等电子机器普及的现代社会，计算工作只要交给这些电子机器处理就好了。

　　不过，记住九九乘法表还是很有必要的。不然，当我们去超市买东西时，总是借助机器计算金额岂不是很麻烦？

　　从初中到高中这一阶段，我们要学习方程等内容，这些都是抽象概念。所以，从培养数学能力的角度出发，我们需要的不是擅长计算具体数字，而是习惯这些抽象概念，以及能够熟练使用表示抽象概念的各种数学符号。

为大家介绍非常好用的计算技巧

我自己绝对做不到像学过珠算的人那样高速心算，不过我从小就很喜欢数字，比起非数学专业的人来说，接触计算的机会确实更多，也知道一些快速计算的技巧。

下面我将为大家介绍几个**能让计算更容易的技巧**，记住这些技巧，在数学考试时或许能派上用场。

附录2 记住"常见计算题"的答案

记住乘方的运算结果

第一个技巧是"记住乘方的运算结果"。

平方是指同一个数相乘，比如"3的平方"就是$3×3=9$，用3^2表示。立方则是指同一个数乘3次，如3的立方是$3×3×3=27$，用3^3表示。诸如此类，同一个数字多次相乘就叫作"乘方"，计算乘方的函数叫作"指数函数"。

只要记住九九乘法表，就能立刻算出1到10的平方数。

$$1^2 = 1 \qquad 2^2 = 4 \qquad 3^2 = 9$$
$$4^2 = 16 \qquad 5^2 = 25 \qquad 6^2 = 36$$
$$7^2 = 49 \qquad 8^2 = 64 \qquad 9^2 = 81$$
$$10^2 = 100$$

那么 11 之后的数的平方数是多少呢?

结果如下。

$$11^2 = 121 \qquad 12^2 = 144$$
$$13^2 = 169 \qquad 14^2 = 196$$
$$15^2 = 225 \qquad 16^2 = 256$$
$$17^2 = 289 \qquad 18^2 = 324$$
$$19^2 = 361$$

平方数经常出现在计算过程中,所以记住上面这些数的平方数绝对不亏,既能快速得出计算结果,又能避免考试中的计算失误。

举例来说,计算 16×17 的结果时,只要能记住平方数,就会知道结果应该大于 16^2、小于 17^2,即大于 256 且小于 289。如果计算出的结果大于 300,就能立刻发现计算过程中出现了错误。

同样,因为 $31^2=961$,$32^2=1024$,所以我建议大家记

住第一个平方数大于 1000 的数是 32。如果计算 28×29 时
结果大于 1000，就是明显的计算错误。

　　除了平方数，还有其他记住后会让计算更方便的乘方
结果。

$2^3 = 8$　　　　　$2^4 = 16$　　　　　$2^5 = 32$

$2^6 = 64$　　　　$2^7 = 128$　　　　$2^8 = 256$

$2^9 = 512$　　　$2^{10} = 1024$

　　上面列出的 2 的乘方结果经常被用在计算机系统开发
和软件开发中，应该有不少从事 IT 相关工作的人记得这
些数。

　　那么大家知道为什么 1KB（千字节）等于 1024B（字
节）吗？计算机使用二进制，K 在 SI 词头中表示 1000。
因为最接近 1000 的 2 的乘方是 $2^{10}=1024$，所以人们设定
1KB（千字节）等于 1024B（字节）。

　　于是，SI 词头的关系如下。

$$1MB = 1024KB = 1024^2B$$
$$1GB = 1024MB = 1024^3B$$
$$1TB = 1024GB = 1024^4B$$

与指数函数互为反函数的"对数函数"

与指数函数互为反函数的函数是"对数函数",用符号 log 表示。比如 $\log_{10}2$ 就是要计算"10 的几次方等于 2"。

对数函数的值可以用"对数表"查询。另外,网络上也有能轻松计算对数函数值的软件,大家可以充分利用。不过,记住一些主要的对数值还是很方便的。我就记住了 $\log_{10}2 \approx 0.3010$,$\log_{10}3 \approx 0.4771$。

在对流行性感冒感染人数的预测中,就会用到指数和对数。假设前一天的感染人数是 100 个人,第二天达到了 110 个人,第二天的感染人数就是第一天的 1.1 倍。如果这种情况持续下去，那么第三天的感染人数是第一天的 $1.1^2 = 1.21$ 倍，也就是 121 个人；第四天的感染人数是第一天的 $1.1^3 = 1.331$ 倍，大约是 133 个人。

反过来，还可以利用对数函数轻松计算出几天后的感染人数将达到 200 个人，只要计算 1.1 的几次方等于 2 就可以了。$\log_{1.1} 2 \approx 7.27$，所以答案是大约 1 周后。

附录 3　使用因式分解的技巧

因式分解让计算变轻松

现在我要教大家的是我喜欢的**用到因式分解的计算技巧**。

尽管有些突然，不过请看题。99×101 等于多少？答案是 9999。

那么 49×51 等于多少？答案是 2499。

最后一道题。18×22 等于多少？答案是 396。

利用因式分解，这些题目不用纸笔就能轻松计算出结果。

因式分解是把一个多项式化为几个整式的积的形式，指将既有加法又有乘法的算式用括号变形为乘法算式。通常，我们在数学课上学习到的因式分解公式有以下 4 种。

（1）$x^2 + (a + b)x + ab = (x + a)(x + b)$
（2）$x^2 + 2xy + y^2 = (x + y)^2$
（3）$x^2 - 2xy + y^2 = (x - y)^2$
（4）$x^2 - y^2 = (x + y)(x - y)$

本节开头的三道计算题都用到了上面的公式 (4)。首先进行变形：99＝100-1，101＝100+1。在此基础上再按照如下方式计算。

$$99 \times 101 = (100 - 1)(100 + 1) \leftarrow 利用公式 (4)$$
$$= 100^2 - 1^2$$
$$= 10000 - 1$$
$$= 9999$$

同样，

$$49 \times 51 = (50 - 1)(50 + 1) \leftarrow \text{利用公式 (4)}$$
$$= 50^2 - 1^2$$
$$= 2500 - 1$$
$$= 2499$$
$$18 \times 22 = (20 - 2)(20 + 2) \leftarrow \text{利用公式 (4)}$$
$$= 20^2 - 2^2$$
$$= 400 - 4$$
$$= 396$$

利用公式 (2) 和公式 (3) 则可以轻松计算出 105^2 和 95^2。

$$105^2 = (100 + 5)^2 \leftarrow \text{利用公式 (2)}$$
$$= 100^2 + 2 \times 100 \times 5 + 5^2$$
$$= 10000 + 1000 + 25$$
$$= 11025$$
$$95^2 = (100 - 5)^2 \leftarrow \text{利用公式 (3)}$$
$$= 100^2 - 2 \times 100 \times 5 + 5^2$$
$$= 10000 - 1000 + 25$$
$$= 9025$$

由此可见，记住因式分解公式，可以让计算变得更简单，这也是我非常喜欢因式分解并且经常使用它的原因。就连不需要用的时候，我也会特意想一想如果使用因式分解进行计算会怎样，然后勉强套用。

比如计算 18×21 的时候，把算式变成 18×22−18 后，算起来更容易。

$$18 \times 21 = (20-2)(20+2) - 18 \quad \leftarrow \text{利用公式 (4)}$$
$$= 20^2 - 2^2 - 18$$
$$= 400 - 4 - 18$$
$$= 378$$

由此可见，在计算两个数的乘法时，可以首先想一想位于两个数正中间的数，如果刚好是 20 或者 30 就很幸运了！不过就算稍稍有些偏差，也可以像计算 18×21 时那样想办法找到简便的计算方法。

在计算 13×55 的时候，将 55 分解成 50+5 同样可以利用因式分解的技巧。

$$13 \times 55 = 13 \times (50 + 5)$$
$$= 13 \times 50 + 13 \times 5$$
$$= 715$$

13×55 很难直接靠心算得出结果，不过我想 13×50+ 13×5 就可以靠心算得出结果了。

换算成容易计算的数值

除了因式分解之外，还有其他各种各样的计算技巧。比如，**用 5 除某个数时，可以先将这个数乘 2 后再除以 10**。

在日本，现在的消费税税率是 10%，在以前税率还是 5% 的时候，我在计算消费税时会先把金额乘以 2，再除以 10 来计算。这或许是微不足道的事，但比起用金额先乘以

5 再除以 100 更容易，一般而言，连续做两次除法运算难度更低。

在消费税税率是 8% 的时候，大家基本上会用原本的金额先乘以 8 再除以 100 来计算消费税，可是做乘以 8 的计算很麻烦。这时，假如商品原本的金额是 25 的倍数，就可以采用这种计算方法：先将商品原本的金额除以 25，再乘以 2。因为除以 25 相当于乘以 0.04（4%），所以再乘以 2 就相当于乘以 0.08（8%），这样拆分计算会更简便。以商品原本的金额为 125 日元为例，让我们试着计算消费税税率为 8% 时的含税价格，先用 125 除以 25，因为 125÷25＝5，5 的 2 倍是 10，所以加入 8% 的消费税后总金额达到 135 日元。

像这样在计算时将数换算成 2、5、25 等容易计算的数值后，计算就会变得又快又简单，我推荐大家都试一试这种方法。

附录 4　改变顺序，让计算更轻松

利用乘法交换律

计算方法并非只有一种，因此大家可以开动脑筋，闲暇时思考计算的窍门也是一种乐趣。

比如在四则运算中，加法和乘法满足"交换律"，交换数的顺序后计算结果依然不变。但是减法和除法不满足交换律，不能将 15−6 变成 6−15，或者将 24÷4 变成 4÷24。不过我们可以试着将 15−6 中的"减 6"理解为"加上 −6"，24÷4 中的"除以 4"转换为"乘以 $\frac{1}{4}$"，这样一来就可以将减法和除法转化为加法和乘法的形式，从而利用交换律。即

$$15 - 6 = 15 + (-6)$$
$$= (-6) + 15$$
$$24 \div 4 = 24 \times \frac{1}{4}$$
$$= \frac{1}{4} \times 24$$

在进行加法和乘法运算时，可以积极利用交换律。

举例来说，在计算 $25 \times 13 \times 4$ 时，你会如何计算？如果是我，就会利用交换律，把 $25 \times 13 \times 4$ 的顺序变成 $25 \times 4 \times 13$，由于 $25 \times 4 = 100$，因此可以立刻计算出 $25 \times 4 \times 13 = 1300$。记住大量诸如 $25 \times 4 = 100$、$125 \times 8 = 1000$ 的计算结果，可以派上很大用场。

数学教育很困难

乘法的顺序在小学受到热议，**很多人认为 2×3 与 3×2 是不同的。**乘法满足交换律，且 2×3 与 3×2 的计算结果相同，为什么还会引发讨论呢？

我在小学二年级时也因为这件事情留下了几分痛苦的回忆。在数学课上，针对"有 6 辆卡车，每辆 4 个轮胎，一共有多少个轮胎"这道题目，同学们就应该是 4×6 还是 6×4 展开了激烈的讨论。最终，教室里只剩我一个人支持 6×4，但正确答案是 4×6。因为 4×6 表示"一辆卡车有 4 个轮胎，一共有 6 辆卡车"，但是 6×4 的意思就变成了"一辆卡车有 6 个轮胎，一共有 4 辆卡车"，所以 6×4 被判定为错误。

其实这种讨论已经不属于数学范畴，而是属于数学教育范畴了。在进行乘法教学时，人们常说对于不知道如何列出算式的孩子，应该指导他们先写出每辆车的轮胎个数，然后在这个数的后面写出卡车的数量。要向所有学生灌输同样的思维方式，并且巩固这种思维方式，减少感到困惑的孩子的数量。也就是说，**对于乘法顺序的讨论与对教育的认识有关，要考虑"如何让更多孩子理解"**。这并不是数学家可以置喙的问题，而应该从数学教育的视角出发进行思考。

　　我并不反对这样的数学教育，但同时又认为，**在考试时给没有写 4 × 6 而是写了 6 × 4 的孩子判错，很可能会打击他们对数学的兴趣，导致他们讨厌数学。**

　　顺带一提，我有初中和高中数学的教师资格证，曾经在高中母校做过教育实习。然而遗憾的是，我深切地感受到擅长数学并不一定擅长教数学。在数学教育的第一线，如何让更多学生理解数学确实非常困难，它有着与研究数学本身全然不同的难处。回顾历史也能清楚地看到，伟大的数学家并不一定是伟大的数学教育者。不仅是数学，这个道理同样适用于包括运动在内的一切领域。

附录 5　找到最大公因数的简单方法

轻松检查因数中是否有 3 的方法

当存在多个自然数时，它们共同的因数叫作"公因数"，其中最大的一个即"最大公因数"。

举例来说，18 的因数有 1、2、3、6、9、18，24 的因数有 1、2、3、4、6、8、12、24，那么 18 和 24 的公因数就是 1、2、3、6 这四个，最大公因数是 6。

我来为大家介绍一个能够快速找到因数的方法。有因数 2 的自然数是偶数，它们的个位数一定是 0、2、4、6、8 中的一个。有因数 5 的自然数的个位数一定是 0 或者 5，有因数 10 的自然数的个位数则一定是 0。

大家知道如何判断一个自然数的因数中有没有 3 吗？我们可以通过这个自然数的每一位数字加起来能不能被 3 整除来判断。**如果每一位数字之和能被 3 整除，那么这**

个自然数就能被 3 整除，也就是说它的因数中有 3。比如 9744，每一位数字加起来是 9+7+4+4=24，24 可以被 3 整除，所以 3 是 9744 的因数。

我来为大家解释一下原因。

9744=9×1000+7×100+4×10+4，下面对其进行拆分，1000=999+1，100=99+1，10=9+1。999、99、9 都是 3 的倍数，可以被 3 整除。

那么，

$$9744 = 9×(999 + 1) + 7×(99 + 1) + 4×(9 + 1) + 4$$
$$= (9×999 + 7×99 + 4×9) + (9 + 7 + 4 + 4)$$

因为 9×999+7×99+4×9 是 3 的倍数，所以只需要看 9+7+4+4 是不是 3 的倍数就好。也就是说，只要将每一位数字全部相加，就能知道这个自然数的因数中有没有 3。当然，无论自然数多大，这个规律都成立。

人类最古老的算法"辗转相除法"

关于求最大公因数的简单方法，我推荐"辗转相除法"。据说这是古希腊著名数学家欧几里得（公元前3世纪）发明的方法，与埃拉托色尼筛法并称为"人类最古老的算法"。

具体来说，假设有 a, b 两个自然数，当 $a > b$ 时，用 a 除以 b 求出余数，然后用 b 除以余数得到新的余数，重复这个过程，直到除尽为止，就可以求出两个自然数的最大公因数。

也就是说要按照以下顺序进行计算。

（1）在两个自然数中，用大数（被除数）除以小数（除数）。

（2）用第一步中的除数除以第一步中得到的余数。

（3）一直除到余数为 0 为止。余数为 0 时的除数就是两个自然数的最大公因数。

　　举个具体的例子吧。比如题目是"求 24 和 18 的最大公因数"，通常情况下，需要先分别求出两个数的因数，再找到最大公因数。如果用辗转相除法，就需要先用大数除以小数来求余数。24÷18=1 余 6，用除数 18 再除以余数 6，18÷6=3，没有余数，那么 6 就是 24 和 18 的最大公因数。

　　这道例题中的数很小，可以轻松求出最大公因数。让我们试试稍微大一些的数吧。

　　比如用辗转相除法求 141 和 252 的最大公因数的步骤如下。

① 252÷141＝1 余 111 ←用大数除以小数
② 141÷111＝1 余 30 ←用①的除数除以①的余数
③ 111÷30＝3 余 21 ←用②的除数除以②的余数
④ 30÷21＝1 余 9 ←用③的除数除以③的余数
⑤ 21÷9＝2 余 3 ←用④的除数除以④的余数
⑥ 9÷3＝3 ←用⑤的除数除以⑤的余数
⑦ 没有余数时的除数 3 即最大公因数

类似上面这样，只需进行简单的反复相除就能轻松求出最大公因数。

如果不使用辗转相除法，那么求最大公因数时就要像开头那样列出每个数的因数，找出共同的因数中最大的一个。除此之外，还可以使用数学课上学到的素因数分解法，对每个数进行素因数分解，然后将共同的素因数全部相乘求出最大公因数。

比如求 108 和 56 的最大公因数时，先对 108 和 56 分别进行素因数分解。$108=2^2 \times 3^3$，$56=2^3 \times 7$，二者共同的素因数相乘即为 $2^2=4$。那么 4 就是 108 和 56 的最大公因数。

然而，对较大的数进行素因数分解是非常烦琐的。**与素因数分解法相比，利用辗转相除法求最大公因数的计算量要少得多，而且能更轻松地找到最大公因数。** 请大家记住这种方法。